中国大气颗粒物源排放理化特征与源谱库构建

冯银厂 毕晓辉 等 著

科学出版社

北京

内 容 简 介

本书共 7 章，围绕我国大气颗粒物源谱研究现状与存在问题，总结梳理源谱的内涵、特性、起源、发展及其作用，提出源谱研究中的源分类体系，系统介绍源采样分析技术的发展，以及各源类采样方法和源样品分析方法；分析我国典型颗粒物排放源类的理化特征，识别各类源排放的典型示踪物；介绍大气颗粒物多组分综合源谱构建与不确定性评估方法，以及综合谱库数据平台的结构与使用方法。

本书可供高等院校、科研院所大气环境相关专业的研究生、教师及科研人员，生态环境部门从事大气污染防治工作的技术人员及管理人员阅读和参考。

图书在版编目（CIP）数据

中国大气颗粒物源排放理化特征与源谱库构建 / 冯银厂等著. -- 北京：科学出版社，2024.6. -- ISBN 978-7-03-078972-3

Ⅰ. X513

中国国家版本馆 CIP 数据核字第 20241A7X04 号

责任编辑：周　杰 / 责任校对：樊雅琼
责任印制：徐晓晨 / 封面设计：无极书装

科 学 出 版 社 出版

北京东黄城根北街 16 号
邮政编码：100717
http://www.sciencep.com

北京建宏印刷有限公司印刷
科学出版社发行　各地新华书店经销

*

2024 年 6 月第 一 版　开本：787×1092　1/16
2024 年 6 月第一次印刷　印张：12 1/2
字数：300 000

定价：180.00 元

（如有印装质量问题，我社负责调换）

《中国大气颗粒物源排放理化特征与源谱库构建》

著者名单

主　　编　　冯银厂　　毕晓辉

编　　委　　吴建会　　张裕芬　　田瑛泽

　　　　　　张文慧　　王雪涵

序

　　大气污染源的排放特征研究在深入认识大气污染成因、科学应对污染过程、评估对人体健康影响与生态气候效应中发挥着重要作用。几十年来，中国大气污染排放的研究取得了喜人成绩，从理论、技术到实践应用都有显著进展，在大气污染防治中发挥了重要科技支撑作用。源成分谱研究是大气污染排放研究的重要领域，作为污染源排放理化特征的集合与量化表征，源成分谱对于全面深入认识污染源及其排放特征起到了重要作用，也为组分排放清单构建、大气化学机制模拟、健康气候效应评估等提供了关键污染组分信息。

　　源成分谱本质是污染源通过复杂的理化过程产生的大气污染物的理化表象，其根源与实质是污染产生的理化过程。众所周知，大气污染源种类繁多，每一类污染源产生污染物的过程大不相同，受到各种因素的影响，以电厂燃煤机组源谱为例，煤质、燃烧温度、除污技术等都会对源谱结果产生影响，同时在获取源谱基础信息时，如何使用适当的采样技术获取反映真实排放情况的污染源样品也面临不少挑战。获得源排放的理化特征、构建代表性源成分谱既需要大量的基础性工作，又需要多种技术手段和方法。

　　我国在源谱研究方面开展了大量的工作，早在 20 世纪 80 年代早期，我国扬尘污染严重，南开大学就开展了土壤扬尘成分谱的构建工作。时至今日，我国已经构建了覆盖绝大多数污染源类的源谱库，涵盖数千条源谱测试数据，成为世界上源谱研究种类最丰富、成分最齐全的国家。在此期间，南开大学团队付出了艰苦的努力，成为我国源谱研究中一支重要的力量。

　　冯银厂教授及其研究团队主要从事大气污染源谱构建与来源解析技术方法的研究工作，在大气污染源的采样分析技术、源谱构建方法与综合评估技术上有 30 余年的研究经验，取得了一系列重要研究成果。《中国大气颗粒物源排放理化特征与源谱库构建》一书对源谱的关键知识点和国内外主要进展进行了梳理，系统总结了冯银厂教授团队多年来在源谱领域获得的科学认识和技术进展，特别在源谱构建方法与评估技术上开展了很有特色的工作。

　　当前，我国大气污染防治进入碳污协同与精准化防控的新时期，对精细化源谱的需求也愈发突出与迫切，该书作为一本系统介绍源谱特征、构建方法与应用的专著，我相信能够为提升我国源谱科学研究能力与应用工作水平提供重要支撑，也能为科研人员、业务部门和青年学生提供重要参考。

中国工程院院士

2024 年 6 月

前　言

　　长期以来，大气颗粒物是影响我国环境空气质量的主要污染物之一，其化学组成复杂，来源众多，具有重要的气候与健康效应。随着大气污染防治工作的推进，我国环境空气质量近年来得到明显改善，主要大气污染物环境浓度明显下降，但以 $PM_{2.5}$ 为代表的颗粒物污染仍未实现根本好转。2020 年全国仍有超过 30% 的城市 $PM_{2.5}$ 浓度未达国家二次标准（$35\mu g/m^3$），绝大部分城市未达到世界卫生组织健康标准（$10\mu g/m^3$），颗粒物污染形势依然严峻，防治工作任重道远。

　　大气颗粒物来源复杂，既有一次排放，又有二次生成；既有本地排放，又有区域传输；既有固定源，又有移动源、开放源。这些不同层面的来源对大气污染均有着不可忽视的影响，且这种影响往往是动态的和非线性的，给精准防控带来了困难，迫切需要科学的指导和技术的支撑。在诸多有关大气污染防控的科学研究中，来源解析技术研究因其突出的指导意义和应用价值显得尤为重要。大气颗粒物来源解析研究通过化学、物理学、数学等方法定性或定量识别环境受体中大气颗粒物污染的来源，建立颗粒物排放源与环境空气质量（受体）之间的关系，是开展大气颗粒物污染防治工作的重要依据和前提，可有效提高颗粒物污染防治工作的针对性、科学性和合理性。

　　源成分谱表征了大气污染源排放颗粒物的理化特性，是污染源的"指纹"。通过构建大气颗粒物主要污染源成分谱库，可为定性识别污染来源、定量解析污染源贡献提供基础信息。完善、准确且精细化的源成分谱有助于认识与分析各类源的特征信息，是源识别和源解析的重要基础。经过几十年的发展，国内外在源谱研究领域取得了许多进展，从最初仅有十几个特定的无机元素与数个粗略的源类，逐步发展到涵盖几十类源，包括元素、离子、碳、有机物等丰富组分，为源解析及其他相关大气污染研究提供了重要支撑。近年来，在精细化源解析研究需求的驱动下，以提高源谱代表性、真实性与个性为目标，以采样技术和化学分析技术的发展为支撑，包括气态污染物、有机化合物、同位素和粒径分布等的更多载有重要示踪信息的理化指标被纳入源谱，源谱内涵得到不断拓展，给相关研究带来了新的视角与可能性。目前我国仍缺乏大气颗粒物源排放理化特征与源谱构建研究的系统梳理与总结。

　　本书以国家重点研发计划课题"我国颗粒物源排放理化特征研究和示踪物谱库的建立"（2016YFC0208501）和"细颗粒物全组分源谱测量规范及数据库构建"（2022YFC3700601）研究成果为基础，围绕我国大气颗粒物源谱的发展历程、研究现状、最新进展与未来趋势展开论述，分为 7 章。在通力完成初稿后，冯银厂负责修改完成了第 1 章与第 7 章；毕晓辉负责修改完成了第 2 章；吴建会负责修改完成了第 3 章；毕晓辉、田瑛泽与王雪涵负责修改完成了第 4 章；张裕芬负责修改完成了第 5 章；张文慧与王雪涵负责修改完成了第 6 章。冯银厂和毕晓辉还负责全书总体设计和统稿工作。

我们期望本书对大气污染防治领域的学者和研究生、管理部门有一定参考作用。由于视野和水平的限制，本书或存在不足之处，希望大家对本书内容多提宝贵意见，帮助我们不断提高业务水平，共同提升我国大气污染源谱研究与应用的能力。

2024 年 2 月 6 日

目　录

第1章 绪 论

1.1 源谱内涵与作用

源谱内涵可按照涵盖范围分为狭义与广义两类。狭义的源谱是指能够表征某一源类排放颗粒物相对稳定的化学组分含量与物理特征信息的集合，包含该源类排放颗粒物中主要的以及有标识性的化学组成与物理特征信息，主要包括无机元素、有机物、离子等化学组成与粒径分布、同位素丰度、形貌等物理特征。广义的源谱是指可表征污染源排放特征全貌的理化属性的集合，即除颗粒物化学组成之外，还包含所排放气态物质的种类与组成。源谱可从理化角度表征特定源类的性质，揭示污染源排放的颗粒物在化学与物理属性上的特征（Watson，1984；Bi et al.，2007；Simon et al.，2010；Hopke，2016）。

源谱反映了排放源颗粒物的基本理化组成特性，在大气污染研究领域具有重要基础性作用。

1）可为源解析模型提供关键的源理化特征信息（朱坦和冯银厂，2012）。源谱是化学质量平衡（chemical mass balance，CMB）模型的主要输入参数，其准确性和代表性直接影响最终的解析结果（Zhang et al.，2016；Abdullahi et al.，2018）。此外，源谱还是因子分析模型（源未知模型）进行因子识别的关键依据（Shi et al.，2009；Simon et al.，2010；Hopke，2016；Liu B S et al.，2017）。

2）可为大气污染过程模拟提供必要的源理化特征信息。源谱可为源追踪模型的化学组分模拟提供重要基础数据，广泛应用于 CMAQ（community multiscale air quality）等源模型中，用以提高模型模拟的准确性（Lowenthal et al.，2010；Jia et al.，2018）。

3）可为评估大气颗粒物对气候变化的影响提供依据。源谱信息在评估酸雨成因上已发挥重要作用（毕晓辉，2007）；已有研究基于源谱信息评价黑炭排放对气温、风速等的影响，以表征黑炭排放源的气候效应（Ramanathan and Carmichael，2008；Datsenko et al.，2012；Sadiq et al.，2015）。

4）可为评估污染源的人体健康效应提供关键信息（Samiksha et al.，2017）。

可见，源谱是研究大气污染来源、成因、气候影响与健康效应的重要基础，开展源谱研究具有十分重要的意义。

1.2 源 谱 特 性

源谱作为认识与分析大气污染源排放组成特征的主要依据，不断提高其有效性成为源谱构建研究的基本要求与主要难点。所谓源谱有效性，是指源谱所包含各组分的规律特征能代表实际环境中绝大部分该源的子类源成分谱特征，同时满足真实性、代表性与个性等特性要求。

源谱代表性是指在空间和时间分布上源谱所能代表研究区域内该源类典型排放组成的程度。具有良好代表性的源谱是对各子源类的统筹兼顾，反映了各子源类在研究区域内的排放特征、时空分布与相对数量关系，综合考虑了影响源谱构成的各关键要素。例如，工业排放源中工艺流程、生产负荷、煤质、末端控制措施等因素对代表性的影响均不可忽视，在源谱构建时需加以综合考虑；又如，在机动车尾气排放源谱的构建中，要综合考虑燃油类型与标号、车型构成、车龄、车流量等因素在研究区域的实际情况。

源谱真实性是指所构建的源谱能反映颗粒物从污染源排口进入到环境受体后理化特征的真实情况。对于燃烧源，烟气携带各类污染物在进入环境受体后往往经历大幅降温与稀释过程，颗粒物组分、质量、状态等理化特征在降温与稀释过程中出现相应变化。如果不加任何处理直接采集排口样品，往往不能反映源排放颗粒物在受体中的真实赋存状态。可见，采样技术将直接影响源谱真实性。提高源样品的真实性要依靠先进的采样手段和技术，模拟颗粒物从污染源进入环境受体的真实情况。关于具体的采样技术及其优缺点将在本书第 3 章详细阐述。

源谱个性是指所构建的源谱中各类组分，特别是标识性组分，能够明显区别于其他源类，反映的是源谱在示踪功能上的强弱。具有良好个性的源谱，可充分反映该源类独特的理化特征，能够为源解析或其他来源识别研究提供必要的"指纹"信息。例如，土壤尘源谱中 Si 的含量一般在 25%以上，明显高于其他源类，在粒径分布特征上以粗粒径为主，可为源解析中土壤尘的解析提供有效的示踪信息；又如，生物质燃烧排放的颗粒物化学组成中 K 元素与左旋葡聚糖的含量明显高于其他源类，这都是源谱个性的体现。

1.3　源谱研究的起源与发展

按照不同发展阶段，可将世界源谱研究划分为萌芽期、起步期与全面发展期。

1）萌芽期（20 世纪 40~50 年代）。以洛杉矶光化学烟雾与伦敦烟雾为代表的大气重污染事件引发了人们对大气污染的重视，开始摸索各类污染源排放的理化特征，为定性识别污染来源提供依据，该阶段未建立明确的源谱概念。

2）起步期（20 世纪 60~70 年代）。进入 20 世纪 60 年代，随着源解析技术的发展，源谱的思想得以提出，仍以源成分（source composition）的称呼出现。一份名为 PACS 的源成分报告在 20 世纪 70 年代首次较为系统地总结了美国的源化学组成，基于 356 张滤膜样品的分析结果，对 37 种源类的无机元素进行了含量与偏差分析。在该阶段，Watson（1979）在其博士论文中提出对源化学组成的研究不应仅包含无机元素，硫酸根、硝酸根以及更多的细分碳组分信息也应纳入源谱中，同时认为在进行燃烧源采样时要采用稀释降温等方法以保证样品成分的真实性。这是现代源谱概念雏形的首次提出，但在他的博士论文中仍未使用 source profile 一词。

3）全面发展期（20 世纪 80 年代至今）。目前可查的文献中最早使用 source profile 一词的是 1983 年 Glen R. Cass 等发于 *Environmental Science & Technology* 期刊的一篇文章（Cass and McRae, 1983）。此后源谱一词开始得到大量使用，越来越多的研究关注源谱的构建、发展与应用（Simon et al., 2010; Pernigotti et al., 2016; Liu Y Y et al.,

2017），标志着源谱研究进入全面发展期。尽管未能在正式出版物中首先提出此概念，Waston 仍被认为是现代源谱概念与内涵的关键奠基人。

源成分谱的演变在较大程度上由源解析技术的需求引领，同时也得益于采样分析技术的快速发展。受体模型基于质量守恒的假设而开发（Winchester and Nifong, 1971; Miller et al., 1972），其中化学质量平衡方程假定测定的颗粒物质量可以被视为来自几个源贡献的所有化学成分质量的线性总和（Cooper and Watson, 1980; Watson, 1984）。最初，质量平衡方程在美国被应用于几个特定的元素和源类（Miller et al., 1972; Hopke, 2016）。元素、离子和碳逐渐成为颗粒物来源解析中的常规化学组分。随着采样技术和化学分析技术的发展，更多有价值的信息被纳入源谱，包括有机化合物（Simoneit et al., 1999; Schauer and Cass, 2000）、放射性碳同位素（Wang et al., 2017）、硫同位素（Han et al., 2016）和氮同位素（Pan et al., 2016）、高分辨率气溶胶质谱（Zhang et al., 2011）和粒径分布等（Zhou et al., 2004）。这些信息已经被证明具备源的特异性，可以作为新标识物纳入受体模型（Zheng et al., 2002），作为计算源贡献的限制条件（Amato et al., 2009），并应用于新模型开发（Ulbrich et al., 2012; Dai et al., 2019）。这些新的有价值的信息提升了源解析模型的性能，使它们能够获得更精确且更可靠的结果。

在世界各国发布的源谱数据库中，美国环境保护署（Environmental Protection Agency, EPA）发布的 SPECIATE 最早，并保持持续更新。该数据库始于 1988 年，至今已积累了 3860 条颗粒物源谱数据，目前版本更新至 5.1（2020 年 6 月版），网址为 https://www.epa.gov/air-emissions-modeling/speciate。关于 SPECIATE 的发展及其作用的文章于 2010 年在 *Atmospheric Pollution Research* 期刊上发表，即 *The Development and Uses of EPA's SPECIATE Database*；欧盟也在源谱库构建上具有较好基础，1998 年发布了 SPECIEUROPE，是欧洲空气颗粒物源成分谱研究的集合与梳理，已有 287 条源谱数据，网址为 https://source-apportionment.jrc.ec.europa.eu/Specieurope/index.aspx。关于 SPECIEUROPE 内容与功能的文章于 2016 年在 *Atmospheric Pollution Research* 期刊上发表（*The European Data Base for PM Source Profiles*）。

中国从 20 世纪 80 年代开始源解析研究（戴树桂等, 1987），是世界上最早开展此类研究的国家之一，至今已建立数以百计的源成分谱（Zhao P S et al., 2006; Zhao Y L et al., 2007a, 2007b; Kong et al., 2011, 2014; Zhang et al., 2015; Zhao X Y et al., 2015; 齐堃等, 2015; 王刚等, 2015; Pei et al., 2016; Guo et al., 2017; Tian et al., 2017）。这些源谱涵盖了超过 40 多个城市和多种源类型。在过去的 30 多年中，中国大气颗粒物的主要来源大致可以分为燃煤源（子类包括电厂燃煤、燃煤锅炉、其他/混合和民用散煤燃烧）、机动车源（指汽油和柴油发动机的排放）、工艺过程源、生物质燃烧源、餐饮源、扬尘源（子类包括道路扬尘、土壤扬尘、建筑扬尘和混合尘），以及其他一些本地化的特殊源类。这些源谱填补了我国源谱构建的空白，为源解析研究提供了有效的标识物。

通过文献检索（国际和中国期刊上发表的同行评审论文），对从 20 世纪 80 年代到现在的全国 456 条已发表源成分谱进行梳理分析后发现，这些源谱可划分为 6 种源类，其中燃煤源 81 条、工艺过程源 67 条、机动车源 35 条、扬尘源 98 条、餐饮源 36 条、生物质燃烧源 139 条。以空气动力学直径划分，总共获得了 278 条 $PM_{2.5}$ 源谱、131 条

PM$_{10}$源谱、31 条其他粒径源谱。这些源谱的概况如图 1-1 所示。

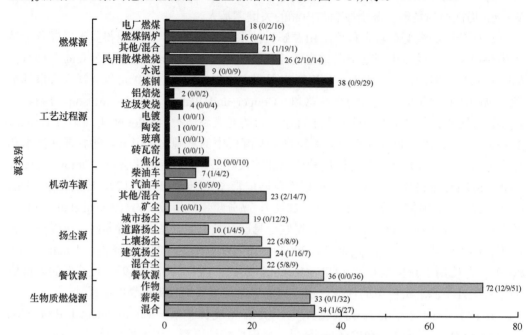

图 1-1　我国已发布的源谱综述

条形图中的数字是指特定源子类型的已发布源谱的总数，而条形图后面的数字分别表示基于总悬浮颗粒物（total supended particulate，TSP）、PM$_{10}$ 和 PM$_{2.5}$ 测定的源谱数量

上述源谱的采样地点分布于我国不同地区，其中东部地区有 35 条已发布的燃煤源谱，14 条工艺过程源谱，14 条机动车源谱，18 条生物质燃烧源谱，2 条餐饮源谱，14 条扬尘源谱；北方地区有 16 条已发布的燃煤源谱，23 条工艺过程源谱，9 条机动车源谱，8 条生物质燃烧源谱，13 条餐饮源谱，62 条扬尘源谱；西部地区只有 20 条燃煤源谱；南方地区有 10 条已发布的机动车源谱，10 条餐饮源谱，5 条扬尘源谱；华中地区有 17 条已发布的生物质燃烧源谱。民用散煤燃烧源谱主要存在于有明显散煤燃烧活动的地区，如北方和西部地区。中国不同地区的划分参照了 Zhu 等（2018）的定义。

在源谱数据库构建上，我国近年来也开展了一些研究工作。中国环境科学研究院发布的 CSPSS（China Source Profile Shared Service）记录了我国 2003～2015 年的 500 余条源谱数据，包含实测数据和文献数据。关于 CSPSS 的详细介绍于 2017 年在 *Aerosol and Air Quality Research* 期刊上发表，即 *China Source Profile Shared Service*（*CSPSS*）*: The Chinese PM$_{2.5}$ Database for Source Profiles*；中国科学院地球环境研究所依托相关研究搭建了我国 PM$_{2.5}$ 主要排放源谱数据库（KLACP），记录了我国 2012～2018 年的 324 条源谱数据，均为实测；南开大学大气污染源谱数据库（SPAP）记录了我国 1980～2018 年 3000 余条颗粒物综合源谱数据，大部分为实测，是我国目前包含源谱数量最多、种类最全、内涵最丰富的源谱库平台，网址为 http://www.nkspap.com/。各源谱库中包含的源谱数量及其年份分布如图 1-2 所示。

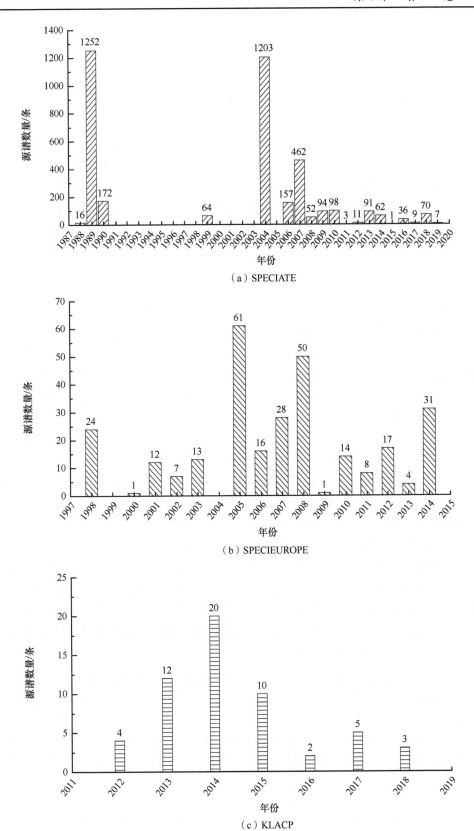

（a）SPECIATE

（b）SPECIEUROPE

（c）KLACP

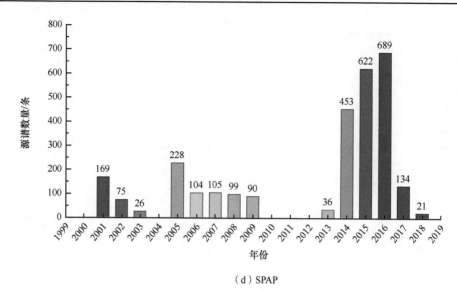

（d）SPAP

图 1-2　各源谱库各年份源谱数量统计

从源谱所包含信息来看，SPECIATE 及 SPECIEUROPE 源谱库包含了大气中的气态污染物和颗粒态污染物的源谱数据，测定组分包含了有机组分和无机组分；CSPSS 及 KLACP 中源谱数据均为元素、离子、碳，而 SPAP 不仅包含了元素、离子、碳这些常规组分的源谱，还包含了单颗粒源成分谱数据、同位素信息、粒径分布与多环芳烃（PAH）等，可以为相关研究提供更多污染源的粒径分布特征及标识信息。

SPECIATE 源谱中，颗粒物的粒径信息主要包括 $PM_{1.0}$、$PM_{2.5}$、PM_{10}、PM_{30}、PM_{38} 5 个粒径范围，SPECIEUROPE 源谱包含了 $PM_{1.0}$、$PM_{2.5}$、PM_{10}、PM_{50} 和 TSP 粒径段的颗粒物信息；CSPSS 源谱数据粒径范围包含了 $PM_{2.5}$、PM_{10} 和 TSP，而 KLACP 源谱中仅包含了 $PM_{2.5}$ 这一个粒径范围；SPAP 源谱中包含了 $PM_{0.1}$、$PM_{1.0}$、$PM_{2.5}$、PM_{10}、TSP 和单颗粒等不同粒径的源成分谱信息，粒径信息更加精细化。

从大气颗粒物源分类来看，国外比国内划分更为精细，但两者研究的侧重点明显不同。国外经过多年的发展与大气环境治理，环境空气质量已经基本达到相应标准，人为源对大气环境的影响较小，因而对自然源关注较多，如生物质燃烧中，美国 SPECIATE 将各种生物质都划分到不同的子源类，使污染源类别明显增多；而国内基于对环境空气质量改善的迫切需求，更多关注人为源。SPECIATE、SPECIEUROPE 及 SPAP 数据库对大气污染源的分类见表 1-1。

表 1-1　美国、欧洲及中国南开 SPAP 源谱库中的源类划分

SPECIATE 一级源类	所包含二级 源类数量	SPECIEUROPE 一级源类	所包含二级 源类数量	SPAP 系统 一级源类	所包含二级 源类数量
飞灰（Ash）	14	交通（Traffic）	2	固定燃烧源	2
雾化（Atomization）	1	土壤（Soil）	1	工艺过程源	6
背景空气（Background-air）	4	海洋（Marine）	0	扬尘源	6
化学反应（Chemical reaction）	2	建筑（Construction）	0	移动源	2
燃烧（Combustion）	77	工业（Industry）	10	生物质燃烧	4

SPECIATE 一级源类	所包含二级 源类数量	SPECIEUROPE 一级源类	所包含二级 源类数量	SPAP 系统 一级源类	所包含二级 源类数量
灰尘（Dust）	26	船舶（Ship）	0	其他源类	4
混合物（Miscellaneous）	1	生物质（Biomass）	4	—	—
挥发物（Volatilization）	13	二次无机气溶胶（SIA）	2	—	—
—	—	除冰盐（Deicing salt）	0	—	—
—	—	其他燃烧（Other combustion）	6	—	—

1.4　小　　结

　　源谱是认识与分析大气污染源排放组成特征的重要依据，可为源解析模型和大气污染过程模拟提供关键的源理化特征信息，亦可为评估颗粒物污染的气候与健康效应提供重要依据。本章总结梳理了源谱的内涵、特性、起源、发展及其作用，提出了世界源谱研究发展的三个阶段，即萌芽期、起步期与全面发展期；对比了国内外主流源谱库的架构与规模，并对国内外源谱的研究现状与存在的问题进行了梳理总结。

第 2 章 大气污染源的精细化分类体系

大气污染源的识别与分类是构建源谱的第一步。在现实世界中，存在着形形色色、多种多样的大气污染源，按照不同的区分原则与需求，可划分为不同的源类体系。例如，根据大气污染源的存在形式，可分为固定源、移动源和开放源，或者有组织排放源类和无组织排放源类；根据污染物进入环境空气的方式，可将其分为单一尘源类和混合尘源类；根据排放的污染物进入环境空气后是否发生化学反应，可分为一次源与二次源等。目前在我国较为常见的大气污染源分类体系包括源排放清单体系、环境统计体系与基于成分的受体模型源类体系。这些源分类体系或着重于排放源的污染属性，或强调其社会经济属性，或强调其排放的化学组成属性，从不同角度较为全面地涵盖了我国现有大气污染源的主要分类，在实际应用中各有其优势与特点。在传统的源谱研究中，为与后续基于理化组成的源解析技术相一致，主要基于源排放理化组成特征开展源的识别与分类，并以清单体系中源分类的划分为参照，开展源分类体系的构建。

由于着眼点不同，类似的源类在不同源分类体系中的内涵并不一致，个别源类在界定上甚至存在明显差异，这给实际管理工作带来一定困扰。如何打破不同源分类体系间的界限，融合源排放特征与管理需求，探索多种源分类体系融合发展的路径，为环境管理提供更明确的指导，是当前迫切需要解决的问题之一。本章重点介绍源谱研究中源分类的基本思想、主要分类与内涵等内容，并探讨多种源分类体系的融合路径。

2.1 融合源排放理化特征与管理需求的源分类思想

面向管理需求的大气污染源的合理分类是大气污染成因分析与来源解析研究所面临的基础性问题。对源分类的管理需求可以表述为：要能够明确、清晰地反映污染源所在行业、责任主体与其他社会属性，可作为开展宏观调控或微观治理的依据。而基于理化特征的源分类体系主要以污染物排放的理化特征为依据开展分类，疏于污染源社会行业属性的考量，得到的源解析结果与实际管理中的污染源类并不完全一致。近年来，随着大气污染防治工作的深入，环境管理与决策对源分类体系的精细化需求更加迫切，同时随着源解析技术的发展，多种源解析技术手段的融合成为新的趋势，而不同模型间源分类的统一是开展融合工作的前提条件。可见，不论是管理需求还是科研需要，建立科学、精细的大气污染源类体系十分重要。

传统的受体模型通常根据源类特征，结合研究地区的能源结构和产业结构，按照环境管理需求对排放源进行分类；源清单体系或空气质量模型主要基于污染源调查收集的统计资料对污染源进行分类定义，并通过建立大气污染源排放清单来实现分行业的各种污染物的排放量分配和排放信息的集成。本书基于目前主流的大气污染源类划分方式，以受体模型的源类物理内涵为基准，调整源模型的源类物理内涵，根据《大气可吸入颗粒物一次源排放清单编制技术指南（试行）》、《大气细颗粒物一次源排放清单编制技术指南（试行）》和《大气颗粒物来源解析技术指南（试行）》，融合污染物源排放清单编制技术体系和颗粒物来源解析技术体系中的源类划分标准，综合考虑目前颗粒物源成分谱的研究现状和未来潜在的发展趋势，以"最大程度覆盖所有大气污染排放源类"和"最大程度匹配现有主流大气污染排放源分类方式"为原则，将两种分类体系的源内涵进行了统一，同时将常用源类的颜色进行了规定，用以指导后续的源谱构建与源解析工作。

　　在传统源解析研究中，污染源类主要可分为城市扬尘、土壤风沙尘、建筑水泥尘、燃煤尘、机动车尾气尘、冶金尘、生物质燃烧源和二次粒子（二次硫酸盐、二次硝酸盐和二次有机碳）等。这种源分类体系能够较好地反映源排放污染物的理化特征，但缺乏污染源的社会行业属性，且精细化程度不足，不便于管理决策的支撑。通过深入调查我国重点城市自然环境、经济社会、能源结构、城市建设、工业现状及大气环境质量和污染问题，并基于颗粒物产生原理和产生过程，建立了颗粒物排放源分类体系，将我国大气颗粒物的排放源类划分为固定燃烧源、工艺过程源、移动源、扬尘源、生物质燃烧源及其他源类（图 2-1）。

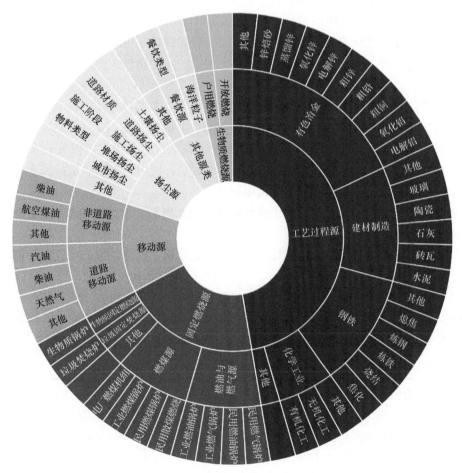

图 2-1　大气颗粒物排放源的分类

2.2 大气污染源精细化分类体系的构建

一级源类包含 6 个，分别是固定燃烧源、工艺过程源、移动源、扬尘源、生物质燃烧源、其他源类；二级分类二十余个，三级分类若干个。各一级源类下分类体系复杂程度不同。

2.2.1 固定燃烧源

固定燃烧源主要指利用化石燃料燃烧时产生的热量，为发电、工业生产和生活提供热能及动力的燃烧设备（不包括工业生产过程中窑炉）。固定燃烧源下，按照燃料类型建立二级源类，分别是燃煤源、燃油与燃气源、生物质固定燃烧源、垃圾固定焚烧源与其他 5 类；按照不同用途建立三级源类，如燃煤源可细分为电厂燃煤机组、工业燃煤锅炉、民用燃煤锅炉、民用散煤燃烧等。

电厂燃煤机组是指以煤炭为燃料的各类发电机组，包含热电厂和企业自备电厂；工业燃煤锅炉是工业生产使用锅炉的总称，在本分类体系中，工业燃煤锅炉是指为工业生产或居民供热提供蒸汽或热水的燃煤锅炉；民用燃煤锅炉是指城乡居民与商业活动使用的中小型燃煤锅炉，多为小于 10t/h 的自用小型锅炉；民用散煤燃烧是指在城乡居民生活、农业生产、餐饮服务等活动中除锅炉外其他各类燃煤形式的总称。

工业燃油锅炉是指以各类燃油为燃料的锅炉总称，多指以柴油、机油、煤油、废油等油料为燃料的工业锅炉；民用燃油锅炉是指商业、城市居民、农村居民等使用的以燃油为燃料的锅炉；工业燃气锅炉是指为工业生产或居民供热提供蒸汽或热水的以燃气（如天然气、城市煤气、沼气等）为燃料的工业锅炉；民用燃气锅炉是指城乡居民与商业活动使用的以燃气为燃料的中小型民用锅炉。

生物质锅炉是通过燃烧各类固化或气化的生物质燃料获取热能的装置。生物质锅炉多为中小型，主要为生产生活提供热能。

垃圾焚烧炉是焚烧处理垃圾的装置，多以生活垃圾、医疗垃圾、一般工业垃圾等为燃料。

具体固定燃烧源分类见表 2-1。另有燃烧工艺技术（包括煤粉炉、流化床炉、层燃炉、茶浴炉、煤炉）、排放控制措施（各式脱硫、脱硝、除尘工艺）、锅炉吨位、燃料品质等详细成分谱信息可添加字段进行标注。各级源类未囊括的固定燃烧源归为"其他"一类。

表 2-1 固定燃烧源分类

一级源类	二级源类	三级源类
固定燃烧源	燃煤源	电厂燃煤机组
		工业燃煤锅炉
		民用燃煤锅炉
		民用散煤燃烧

续表

一级源类	二级源类	三级源类
固定燃烧源	燃油与燃气源	工业燃油锅炉
		工业燃气锅炉
		民用燃油锅炉
		民用燃气锅炉
	生物质固定燃烧源	生物质锅炉
	垃圾固定焚烧源	垃圾焚烧炉
	其他	—

2.2.2　工艺过程源

工艺过程源指在工业生产过程中（不包括发电、取暖等用途锅炉），对原料进行物理、化学等处理所产生颗粒物的生产活动。工艺过程源排放颗粒物的过程复杂，按照不同行业建立二级分类，主要分为钢铁、有色冶金、建材制造、化学工业、其他 5 类；按照不同生产环节或具体工艺建立三级源类。

钢铁冶炼源是指在钢铁等黑色金属冶炼加工中产生颗粒物的源类总称，包括炼铁、炼钢、钢加工、钢铁冶炼、钢丝及其制品业等细分活动。钢铁冶炼活动包括复杂的排放环节，主要有焦化、烧结、炼铁、炼钢与熄焦等。其中，焦化是指煤炭在高温无氧条件下转变为焦炭的过程；烧结是指将燃料、溶剂和粉末状原料按照一定的配比，加水后混合造球，高温焙烧，将焙烧产物冷却后破碎处理并对不同粒径进行筛分，得到烧结矿的过程；炼铁是指将含铁原料、燃料及其他辅助原料按照一定比例加入高炉，混合料经过加热、分解、还原等反应生成铁水、炉渣、煤气等产品的过程；炼钢是指利用不同来源的氧来氧化炉料所含杂质的金属提纯活动；熄焦是指将炼制好的赤热焦炭冷却到便于运输和储存的温度。这些环节都会不同程度地排放颗粒物和其他气态污染物，在构建相关源谱时需综合考虑。

有色冶金源是指通过熔炼、精炼、电解或其他方法从有色金属矿、废杂金属料等有色金属原料中提炼常用有色金属的生产活动。有色冶金一般包括电解铝、氧化铝、粗锌冶炼等行业。电解铝生产主要是指通过融盐电解法生产铝的过程；氧化铝生产是指通过从铝土矿生产氧化铝的化工过程，包括联合法、拜尔法、烧结法；粗锌冶炼是指锌制品回收后通过一定工艺进行再次提炼重熔成锌锭；蒸馏锌是指通过蒸馏将不同沸点的金属分离，以得到提纯后的锌；锌焙砂是通过焙烧锌精矿得到褐色微颗粒状锌焙砂的过程。不同有色金属的冶炼过程排放的大气颗粒物化学组成特征存在较大差异，在构建源谱时需区别对待。

建材制造源是指为基础设施建设、建筑物建造等制造所需材料的生产活动，主要包括水泥、砖瓦、石灰、陶瓷与玻璃等。水泥生产是指以石灰石和黏土为主要原料制造水泥的生产活动，一般先经破碎、配料、磨细制成生料，然后投入水泥窑中煅烧成熟料，再将熟料加适量石膏（有时还掺加混合材料或外加剂）磨细而成。砖瓦制造是指使用黏土、陶瓷等其他材料生产砖瓦的活动；石灰生产是指石灰岩、泥灰岩等含碳酸钙（$CaCO_3$）

的岩石经高温烧制成生石灰的生产活动；陶瓷制造是指用于建筑物的内、外墙及地面装饰或耐酸腐蚀的陶瓷材料的生产活动，以及水道、排水沟的陶瓷管道及配件的制造；玻璃制造是指用浮法、垂直引上法、压延法等生产玻璃的活动。

化学工业源一般利用化学反应改变物质结构、成分、形态等生产化学产品的生产活动，产品主要包含无机酸、碱、盐、稀有元素、合成纤维、塑料、合成橡胶、染料、油漆、化肥、农药等。主要分为有机化工与无机化工。其中，有机化工是指以石油、天然气、煤等为基础原料，主要生产各种有机原料的工业；无机化工是指以天然资源和工业副产物为原料生产无机酸、纯碱、烧碱、合成氨、化肥以及无机盐等化工产品的工业。化学工业源是挥发性有机物的重要排放源。

工艺技术、窑炉类型、排放控制措施（各式脱硫、脱硝、除尘工艺）等工艺过程源其他辅助信息可通过添加字段进行标注。工艺过程源分类体系见表 2-2，各级源类尚未囊括的排放源归为"其他"一类。

表 2-2　工艺过程源分类体系

一级源类	二级源类	三级源类
工艺过程源	钢铁	焦化
		烧结
		炼铁
		炼钢
		熄焦
		其他
	有色冶金	电解铝
		氧化铝
		粗铜
		粗铅
		粗锌
		电解锌
		氧化锌
		蒸馏锌
		锌焙砂
		其他
	建材制造	水泥
		砖瓦
		石灰
		陶瓷
		玻璃
		其他
	化学工业	有机化工
		无机化工
		其他
	其他	—

2.2.3 移动源

移动源指由发动机牵引、能够移动的各种客运、货运交通设施和机械设备，包括汽车、摩托车等道路移动源和农用车、拖拉机、农业机械、工程建筑机械、船舶、铁路等非道路移动源。按照燃料类型建立三级源类。

道路移动源按燃料类型可分为汽油、柴油、天然气、其他等。非道路移动源按燃料类型可分为柴油、航空煤油、其他等。

尾气排放标准（国Ⅰ、国Ⅱ、国Ⅲ、国Ⅳ、国Ⅴ、无控）、车龄车况以及采样方式等相关信息可添加字段进行标注。移动源分类见表 2-3。

表 2-3　移动源分类

一级源类	二级源类	三级源类
移动源	道路移动源	汽油
		柴油
		天然气
		其他
	非道路移动源	柴油
		航空煤油
		其他

2.2.4 扬尘源

扬尘源指在自然力或人力的扰动作用下，表面松散物质以无组织、无规则排放的形式进入环境空气的颗粒物排放源类。扬尘源根据具体的排放源类建立二级分类，主要分为土壤扬尘、道路扬尘、施工扬尘（即建筑尘）、堆场扬尘与城市扬尘等。

土壤扬尘（又称裸地扬尘）是指裸露地面（如城市周边的裸地、农田、干涸的河滩等）的颗粒物在自然力或人力的作用下形成的扬尘。道路扬尘是指道路积尘在一定动力条件（风力、机动车碾压、人群活动等）作用下进入环境空气中形成的扬尘。施工扬尘是指城市市政基础设施建设、建筑物建造与拆迁、设备安装工程及装饰修缮工程等施工场所在施工过程中产生的扬尘。堆场扬尘是指各种工业料堆、建筑料堆、工业固体废弃物、建筑渣土及垃圾、生活垃圾等由堆积、装卸、输送等操作以及风蚀作用造成的扬尘。此外，采石、采矿等场所和活动中产生的扬尘也归为堆场扬尘。城市扬尘是一种混合源类，在自然或人为扰动作用下，沉降到地面、道路、屋顶、窗台等区域的颗粒物再次悬浮进入环境空气，形成扬尘。

道路扬尘下以道路材质（水泥、沥青、混凝土等）建立三级源类，施工扬尘下以施工阶段（土壤开挖、地基建设、土方回填、主体建设、装饰装卸）建立三级源类，堆场扬尘下以物料类型建立三级源类。扬尘源分类见表 2-4。具体的采样点位（如土壤风沙尘）、道路类型（道路尘）采样方式等详细信息可通过添加字段的方式进行标注。各级源类未囊括的排放源归为"其他"一类。

表 2-4 扬尘源分类

一级源类	二级源类	三级源类
扬尘源	土壤扬尘	—
	道路扬尘	道路材质
	施工扬尘	施工阶段
	堆场扬尘	物料类型
	城市扬尘	—
	其他	—

2.2.5 生物质燃烧源

生物质燃烧源指农林生产过程中产生的作物秸秆、树木等木质纤维素、农林废弃物及畜牧业中的禽畜粪便和废弃物等物质的燃烧。生物质燃烧源下依据燃烧方式（开放燃烧、户用燃烧）建立二级分类，生物质类型等信息以标注的形式添加在后。开放燃烧是指各类生物质秸秆的露天燃烧、森林火灾、草原火灾等；户用燃烧是指我国传统农村家庭中以生物质来炊事取暖的炉灶、炕等。生物质锅炉燃烧源在本书中归为固定燃烧源。生物质燃烧源分类见表 2-5。

表 2-5 生物质燃烧源分类

一级源类	二级源类	三级源类
生物质燃烧	开放燃烧	—
	户用燃烧	—

2.2.6 其他源类

在固定燃烧源、工艺过程源、移动源、扬尘源及生物质燃烧源以外，其余来自不同产生过程的颗粒物排放源一并归类，包括海盐粒子、餐饮源等类别，统一归为"其他"一类。其中餐饮源以餐馆餐饮类别等建立三级源类，燃料类型等信息以标注的形式添加在后。海洋粒子是指海风吹过、海浪翻腾时，海面上泡沫和气泡破裂形成的众多大小不等的海盐颗粒。具体分类见表 2-6。

表 2-6 其他源类

一级源类	二级源类	三级源类
其他源类	海盐粒子	
	餐饮源	餐饮类型
	其他	—

2.3 典型源类推荐配色方案

目前，我国在源解析结果的展示上缺乏统一的源类配色方案，绘制的源解析饼图配色杂乱无章，不便阅读。本书综合国内外常用配色方案，结合各源类具体排放特点与配色习惯，提出了典型源类的配色方案，见表 2-7。配色方案采用易于理解的方式，使用煤灰色作为燃煤源的配色，使用黄土色作为扬尘的配色，使用叶绿色作为生物质燃烧的配色等。

表 2-7　常用源类推荐配色方案

源类	颜色描述	R	G	B	颜色
燃煤源	Gray31	79	79	79	
扬尘源	LightGoldenrod2	238	220	130	
生物质燃烧源	LawnGreen	124	252	0	
机动车源	Tan1	255	165	79	
钢铁冶炼	Magenta	255	0	255	
工艺过程源	Grey31	0	0	79	
硫酸盐	Red	255	0	0	
硝酸盐	Blue	0	0	255	
硫酸盐+硝酸盐（或二次混合源）	MediumOrehid2	209	95	238	
其他（自定义）	Ivory3	205	205	193	

注：R：红色　G：绿色　B：蓝色。

2.4　小　　结

大气污染源的分类是构建源谱的第一步。本章基于不同源类排放颗粒物污染的产生原理和具体过程，通过分析我国自然禀赋、经济社会、能源结构、产业结构与污染现状，建立了颗粒物排放源分类规范和分级分类体系。该体系将我国主要颗粒物排放源分为六大一级源类、23 种二级源类与 46 种三级源类，涵盖了我国大气颗粒物各类排放源。本章还提出了典型源类的推荐配色方案。

第3章 源采样分析技术

大气污染源众多，排放特点各异，为满足污染源成分谱的代表性、真实性和个性要求，选取合适的大气污染源采集及分析方法对综合源谱的成功构建尤为关键。本章将对采样分析技术的发展进行综述，介绍各源类的采样与分析方法原理、优缺点与应用情况。

3.1 源采样技术的发展历程

从20世纪70年代至今，源采样技术的发展主要围绕提高源样品真实性展开，核心进展主要体现在两方面：一是从直接采集下载灰发展到可获取高温高湿烟气中特定粒径的源样品，并模拟其进入环境空气后老化的状态，即稀释通道采样技术的研发；二是发展了可准确获取全粒径样品中特定粒径段样品的技术，实现了特定粒径扬尘类开放源样品的精准采集。这些进展有效提高了源采样的真实性，并在实际研究中得到了广泛而深入的应用。

烟气中颗粒物的粒径分布、形貌特征与化学组成在大气扩散过程中会由于物理冷凝与化学反应而发生变化。可见，在高温烟气中不加处理而直接采集的样品不能真实反映源排放在真实受体中的稳定形态与组成；历史上长期采用的除尘器下载灰采集法也存在明显的真实性不足问题，不能反映烟气在经过脱硫脱硝等后端设施后的真实排放状态。在20世纪70年代，稀释通道采样法应运而生，并应用于机动车尾气的采集（Hildemann et al.，1989）。此后，稀释通道采样法得到广泛研发以收集不同类型固定源排放的颗粒物样品，包括使用不同的材料、停留时间、稀释比、直径和有效混合长度（Houck et al.，1982；Smith et al.，1982；Hildemann et al.，1989）。2000年之后我国开始开发和应用这项技术（Ge et al.，2001，2004），目前稀释通道技术已在我国源谱构建研究中得到广泛应用（Ge et al.，2001，2004；England et al.，2002；Lind et al.，2003；Ferge et al.，2004；周楠等，2006；Li et al.，2009；Wang et al.，2012）。

扬尘源等排放面积大、无组织、不稳定的开放源对环境空气颗粒物具有重要影响，采集特定空气动力学直径的扬尘样品较为困难。在20世纪80～90年代，多使用巴柯离心分级仪来获得源样品的粒径分布（Kauppinen et al.，1991）。由于巴柯离心分级仪的效率低且具有潜在的安全风险，Chow等（1994）在20世纪90年代开发了一种被称为再悬浮箱（Resuspension Chamber，RC）的采样技术，并自2000年起在中国逐步得到广泛应用。该方法能够从现场收集的扬尘中获得特定空气动力学尺寸的颗粒样品。现如今，我国大部分空气动力学当量直径为2.5μm或10μm的扬尘源样品都使用再悬浮采样器收集（Ho et al.，2003；Zhao et al.，2006）。尽管再悬浮采样器不能完全模拟真实环境，但目前仍是采集特定粒径扬尘样品的最佳选择。

除了固定源外，机动车排放等移动源正逐渐成为中国城市的重要大气污染物来源。世界各地已经开发了各种用于车辆排放的测定方法，包括直接测量道路车辆的废气排放和底盘测功机测试、便携式排放检测系统和隧道实验。在生物质燃烧和散煤燃烧的采样技术上，稀释通道采样法已被广泛应用于测定不同燃烧方式涉及的排放，如使用民用炉具或燃烧室模拟燃料燃烧，或直接开展露天焚烧产生烟气样品的稀释采集。

在 20 世纪 80 年代，我国大气源样品采集技术仍较为原始。燃煤是中国大气颗粒物的主要来源（戴树桂等，1987），燃煤源的测定主要通过直接采集下载灰进行；扬尘的源样品从（土壤、道路）表面收集（戴树桂等，1987；Tian et al.，2017）。经过近四十年的发展，我国大气污染源采样技术水平不断提高，采样真实性与代表性不断得到提升，获取了各类典型复杂源排放的颗粒物样品。如图 3-1 所示，经过梳理我国目前源采集技术的应用情况，发现稀释通道采样法、再悬浮采样法已占主导，其中 65% 的燃煤

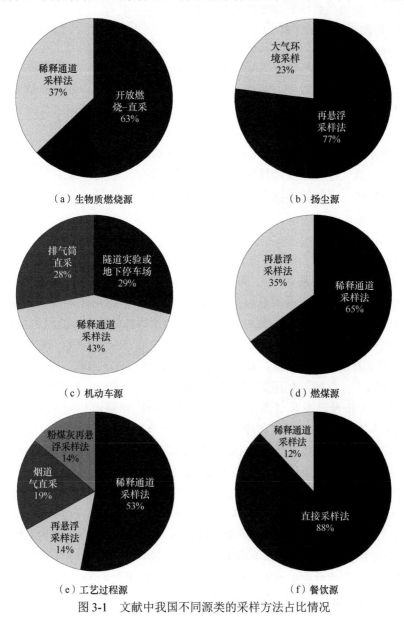

图 3-1　文献中我国不同源类的采样方法占比情况

源，53%的工艺过程源，12%的餐饮源，43%的机动车源和37%的生物质燃烧源都是使用稀释通道采样法采集的。

3.2 源样品采集方法

3.2.1 固定源采样

本书按照采样方法的适用对象，将固定燃煤源与具有固定烟道排放系统的工艺过程源统称固定源。本节详细介绍了固定源采集的原理、方法、基本构成与注意事项，主要包括固定源稀释通道采样法和烟道内直接采样法。

（1）固定源稀释通道采样法

采样原理：将烟道内的烟气在稀释通道内用洁净空气进行稀释，并冷却至大气环境温度，稀释冷却后的混合气体进入采样舱，停留一段时间后颗粒物被采样器按一定粒度捕集。该方法模拟烟气排放到大气中几秒到几分钟内的稀释、冷却、凝结等过程，捕集的颗粒物可近似认为具有进入环境空气后的稳定状态。本方法适用于各类电厂锅炉、民用炉灶、建材和冶金工业炉窑等的采集。

采样系统基本构成：稀释通道采样系统一般包括烟气采样装置、洁净空气发生系统、烟气稀释系统、烟气停留室和稀释烟气采集系统五部分。不同厂家生产的稀释通道采样器在流速、稀释比、采样舱体积等规格参数上虽存在一定差异，但主要部件的构成基本一致。

采样方法：

1）采样点位的选择。采样前充分调查该固定源的设施情况，根据吨位、燃烧方式（如链条炉、往复炉、煤粉炉等）、除尘方式（如静电、湿法除尘等）及燃料种类进行多级子源类分类，对主要子源类选取两个以上运行正常的燃烧源开展颗粒物样品采集。

2）滤膜的准备。按照每个点位每种粒径采集 3 组平行样估算石英滤膜和特氟龙（Teflon）滤膜数量；同时至少应按 10 组样品 1 组空白样比例准备空白滤膜；视需求开展不同粒径颗粒物的同步采集；在采样前，石英滤膜使用马弗炉 400～600℃持续烘干 2～4h，特氟龙滤膜无须烘干，在恒温恒湿天平室静置48h 后，十万分之一天平称重，编号备用。

3）采样点的布设。参照《固定污染源排气中颗粒物测定与气态污染物采样方法》（GB/T 16157—1996）和《固定源废气监测技术规范》（HJ/T 397—2007）的相关规定，固定源采样位置选择在垂直管段，避开烟道弯头和断面急剧变化的部位。采样位置应设置在距弯头、阀门、变径管下游方向不小于 6 倍直径和距上述部件上游方向不小于 3 倍直径处。对矩形烟道，其当量直径 $D=2AB/(A+B)$（A、B 为边长）。采样断面的气流速度在 5m/s 以上。测试现场空间有限，难以满足上述要求时，可选择比较适宜的管段采样，采样断面与弯头等的距离至少是烟道直径的 1.5 倍。采样平台应有足够的工作面积使工作人员安全、方便地操作。平台面积不小于 1.5m²，并设有 1.1m 高的护栏和不低于 10cm 的脚部挡板，采样平台的承重不小于 200kg/m²，采样孔距平台面为 1.2～1.3m。

4）采样位置确定后，连接稀释通道采样系统。

5）计算烟气流速、密度、含湿量、等速采样流量等参数，按照《固定污染源排气中颗粒物测定与气态污染物采样方法》（GB/T 16157—1996），采用预测流速法确定等速采样嘴的直径。

6）根据烟气流速、稀释空气流速确定稀释倍数，调整好稀释空气进气口气体流量计流量。

7）根据需要，选择切割头，开启采样泵，按照稀释通道采样系统进气和出气流量调整相应流量计数值，记录采样开始时间等信息。

8）根据烟尘浓度确定采样时间，通过查看滤膜颜色，初步判断是否满足化学分析需要；关闭采样泵，取下滤膜，记录结束时间；根据需要更换切割头和滤膜。

（2）烟道内直接采样法

当固定源采样平台不适合安装稀释装置时，可以进行直接采样，采集到的颗粒物为烟道环境状况下的颗粒物。此时，当烟道环境的湿度较大时，需进行全程加热，避免滤膜过湿而破损。利用烟道内直接采样法时，采样方法与稀释通道采样法基本一致。此方法不再用清洁的空气稀释，为防止烟气湿度过大而损坏滤膜，安装加热装置，利用全程加热来采集颗粒物。因此，在采集前，需先测量烟气温度、大气压和排气筒直径以及烟气动、静压，预测流速，从而计算烟气含湿量、烟气密度、烟气流速、等速采样流量及颗粒物切割流量，确定采样嘴直径。

（3）固定源样品采集的注意事项

1）应根据滤膜本身的特性和采样后用于化学分析的需要来选择滤膜。滤膜的空白值应满足化学分析要求，通常用于元素分析可采用有机滤膜，如特氟龙、聚丙烯、醋酸纤维酯等；阴阳离子、碳组分和有机物（多环芳烃）分析等可采用石英滤膜。

2）避免连续采集不同源类的样品，及时用酒精和蒸馏水清洁稀释通道采样器，防止样品之间交叉污染。

3）应使用竹制镊子进行滤膜安装、移除，防止污染。

4）当烟道截面积较大，必须多点采样时，更换采样点后应根据该点流速及切割器工作流量重新选择采样嘴，以实现等速采样。等速采样跟踪率应在 0.8～1.2。

5）条件允许时应适当增加样品量以满足代表性与源谱不确定度分析等需求。

6）测试期间，测试对象工况负荷、燃料种类等应保持稳定、污染物控制设施应运行正常。

7）采样结束，将采样滤膜放入便携式冰箱或医用低温保存箱中冷冻保存。

3.2.2　移动源采样

移动源包括重型、中型和小型卡车客车，船，摩托车，飞机等，每种源采用的燃料不同（汽油、柴油和天然气等），其排放的尾气烟尘也不同，同一源在不同工况条件下，其排放的尾气烟尘特征也有不同。目前移动源主要针对各类机动车，采样方法主要包括现场实验法（隧道法）、稀释通道采样法等。稀释通道采样法还可分为全流式稀释通道采样法和分流式稀释通道采样法。前者将全部排气引入稀释通道里，测量精度高，但体积较大，价格昂贵；后者仅将部分排气引入稀释通道里，体积较小。如条件允许，可进行台架实验,在发动机台架上或底盘测功机上模拟汽车在道路上实际行驶的状况(加速、减速、匀速、怠速等),结合稀释通道采样法,采集机动车在不同工况下排放的颗粒物,可提高源谱结果的代表性。

(1)现场实验法(隧道法)

现场实验法一般是在较长的公路隧道、大型停车场等尾气排放较为集中的地方布设颗粒物采样点,以此颗粒物样品作为尾气尘。其原理为扣除隧道本底的影响,隧道内除了机动车行驶所造成的污染外又没有其他显著污染源时,将隧道看成一个理想的圆柱状活塞,在一定时间内活塞进出的污染物浓度差与通风量的乘积等于通过隧道的机动车污染物的总排放质量。

采样方法:

1)应选取尽可能长、平坦且直、单向通车、具有可控式射流式风机、通风口少、交通流量大、有代表性机动车组成、各车型所占比例及车速变化幅度大的隧道进行实验。在隧道内离进、出口 10m 处,安装采样仪器进行采样,采用大气颗粒物采样器,使用与环境空气颗粒物相同的方式进行滤膜采样。雨、雪等特殊天气不进行采样。

2)利用摄像机、激光枪、三杯风向风速仪和温湿度计等监测隧道机动车种类和数量、机动车车速分布、风速风向和温度湿度的变化。

3)采样结束后,检查滤膜是否有破损或边缘轮廓不清晰的现象。若有,则作废,重新采样。合格滤膜放入便携式冰箱或医用冷藏保温箱内低温保存,并做好采样记录。

(2)全流式稀释通道采样法

全流式稀释通道采样法的原理为:在全流式稀释通道测量系统中,机动车全部排气被引入稀释通道里,用于稀释排气的空气通过抽气泵先经过空气滤清器。空气滤清器由粗、细灰尘过滤器和活性炭过滤器组成,以过滤空气中的灰尘和不纯气体成分。经过空气滤清器过滤后的空气和排放气在稀释通道里进行混合,形成稀释样气。适用于机动车、船等移动源样品的采集。

采样方法:

1)在稀释通道上距离排气口 10 倍于稀释通道直径的地方设置采样点,连接好采样装置,采样前使整个系统运行 30min 以保证气体完全混合。

2)稀释后的排放气样被分级颗粒物采样泵引向不同粒径的颗粒物取样滤纸,进行样品采集;泵流量要与系统中气体流量相同,采用等速采样。通过流量测量可以计算出采集气体的体积。对有机成分的分析可选用石英滤膜,对无机成分的分析可选用聚丙烯或特氟龙滤膜。

3)采样结束,将采样滤膜放入便携式冰箱或医用低温保存箱中冷冻保存。

3.2.3 扬尘源采样

扬尘源的时空分布与排放强度具有较强的不确定性,且易受周边其他污染源类影响,现场直接采样往往难以获得具有代表性的样品,一般在现场采集全粒径样品,在实验室利用再悬浮采样器进行不同粒径源样品的采集。

（1）土壤风沙尘

土壤风沙尘主要来源于农田、干河滩、山体等裸露地面，应根据地区特点选取代表性的采样点。一般在城市东、南、西、北 4 个方向距市区 20km 左右范围内的郊区均匀布点，分别采样。布点数量要满足样本容量的基本要求，参照《土壤环境监测技术规范》，一般要求每个方向最少设 3 个点，在主导风向上要加密布点，3～6 个点为宜。布点周围避免烟尘、工业粉尘、汽车、建筑工地等人为污染源的干扰。

采用梅花点位法，每个点使用木铲或竹铲采集地表 20cm 以下的土样。取样时，若样品量较多，应混合弄碎，在簸箕或塑料布上铺成四方形，用四分法对角取 2 份再分，一直分至所需数量（一般为 500g）。分取到的土壤样品放在洗净的干布袋或纸袋内（新布要先洗净去浆），一袋土样填写两张标签，内外各具，记录采样信息，带回实验室。

（2）道路扬尘

参照《防治城市扬尘污染技术规范》（HJ/T 393—2007），城市道路根据其承担交通功能的不同，可以分为主干道、次干道、支路和快速路。由于城区道路较多，无法对所有道路都进行监测。因此，可以选择代表性路段进行测定。为保证样品的代表性，需避开施工工地附近的路段。应在晴天进行监测，如果出现下雨天气，需等路面干燥（2～7天）后方可进行道路积尘测定。对每条路每隔 3km 采集一个样品，每个样品至少需要 3 个子样品混合（每隔 0.5～1km 采一个子样，继而混合成一个样品）。对长度小于 2km 的路段，整个路段推荐采集 3 个样品，不做混合处理。

在确认采样安全的情况下，根据道路洁净程度，用带状标识物横跨道路标出 0.3～3m 宽的区域，用真空吸尘器吸扫路面积尘，按照 1min/m^2 的速度均匀清扫，积尘较多路段或采用刷扫方式。道路尘样品是道路各部位的混合样，样品量一般应不低于 500g。采样完毕后，将样品装入一个密封袋或容器中，记录采样信息，带回实验室。

（3）建筑扬尘

选择正在施工的施工现场，采集不同标号的水泥，收集散落在施工作业面上的建筑尘混合样品。选择当地较大的水泥生产企业，采集不同标号的水泥。另外可选择几个典型建筑施工场所，收集散落在施工作业面（如建筑楼层水泥地面、窗台、楼梯、水泥搅拌场地等）上的建筑尘混合样品。每袋样品不少于 500g。采样完毕后，将样品装入一个密封袋或容器中，记录采样信息，带回实验室。

（4）城市扬尘

选择临街两边的居住区、商业区楼房、工业区厂房等区域的建筑物，分别采集窗台、橱窗、台架等处长期积累的灰尘，一般采样高度 5～20m。用毛刷将窗台、橱窗、台架等长期积累的尘刷入样品袋内，或在窗台和楼顶上铺置收集降尘的容器，如纸盒、纸板之类，铺放时间根据具体收集样品量而决定，避免雨天进行。相邻区域的样品可以考虑合并，每袋样品不少于 200g，做好采样记录。

将采集到的土壤风沙尘、道路扬尘、建筑扬尘和城市扬尘在实验室经过 150 目标准筛以获取粒径＜100μm 的组分，过筛后的样品置于恒温恒湿箱（20℃，湿度 20%）中干燥 24h 以上去除其中的水分，避免高温烘烤以尽量减少硝酸盐和有机碳等挥发性组分的流失，待再悬浮重采样。将样品经过载气吹入混合箱中，使样品再悬浮（具体参数视不同再悬浮仪器设置而定），由有机滤膜和石英滤膜平行采集分级收集不同粒径的样品。

扬尘源采样注意事项：

1）滤膜使用前需进行检查，不得有针孔或任何缺陷。滤膜称量时要消除静电的影响。

2）粉末样品过筛应选择尼龙筛，以减少对样品的影响。

3）每一类样品过筛完毕后，用蒸馏水充分清洗尼龙筛并晾干，防止交叉污染。

4）样品在晾晒和过筛过程中应注意不破坏样品的自然粒度。

5）使用颗粒物再悬浮采样器时，注意及时清洗，防止交叉污染。

6）定期校准再悬浮采样器。检查采样头是否漏气。当滤膜安放正确，采样系统无漏气时，采样后滤膜上颗粒物与四周白边之间界限应清晰，如出现界限模糊时，则表明应更换滤膜密封垫。

3.2.4　生物质燃烧采样

生物质燃烧主要包括木材、小麦、水稻、玉米和其他农作物的秸秆开放性燃烧产生的颗粒物。当生物质在开放环境下燃烧时，采样布点参照《大气污染物无组织排放监测技术导则》（HJ/T 55—2000）中一般情况下设置监控点和参照点的方法，在排放源与其下风向的单位周界之间有一定的距离，可以不考虑排放源的高度、大小和形状因素，将排放源看作点源。监控点（最多可设置 4 个，不少于 2 个）应设置于平均风向轴线的两侧，监控点与无组织排放源所形成的夹角不超出风向变化标准差（±S°）的范围。同时，参照点最好设置在被监测无组织排放源的上风向，以排放源为圆心，以距排放源 2m 和 50m 为圆弧，与排放源 120°夹角所形成的扇形范围内设置。

采样方法：

1）收集资料（风向、风速、温度、降水、采样区域的交通图、土壤图、地质图、地形图、采样地点环境空气的历史资料和相应法律法规等）；现场勘查，将调查得到的信息进行整理，丰富采样工作图的内容并确认采样当天是否有生物质燃烧条件；准备采样装置（精准的采样仪器、滤膜、样品标签、采样记录表、签字笔、资料夹、工作服、安全帽、药品箱）。

2）采用间断采样，采样步骤参照《环境空气质量手工监测技术规范》（HJ 194—2017）进行颗粒物监测。生物质燃烧时开始采样，燃烧完毕立即停止采样，采样器安放在入口距离地面高度不得低于 1.5m，不宜在风速大于 8m/s 的天气下进行。实验地点应远离公路，避开障碍物，且附近无大的污染源排放点。采样时间应选择春夏之交及秋冬之交，注意错开村民做饭时间。

3）采用大气颗粒物采样器，使用与环境空气颗粒物相同的方式进行滤膜采样。

4）采样结束后，检查滤膜是否有破损或边缘轮廓不清晰的现象。若有，则作废，重新采样。合格滤膜放入便携式冰箱或医用冷藏保温箱内低温保存。做好采样记录。

3.2.5　餐饮源采样

餐饮源指食物烹饪、加工过程中排放挥发的油脂、有机质及其加热分解的产物等颗粒物的源类，包括餐饮企业厨房、居民厨房等产生的餐饮烟气。餐饮源采样方法主要有抽取式分级采样法和餐饮无组织采样法。

（1）抽取式分级采样法

抽取式分级采样法适用于安装有油烟处理设施的餐饮源有组织地排放废气中的颗粒物样品的采集。其原理为等速抽取餐饮源排气中颗粒态物质，经过一定停留时间使颗粒物老化，而后通过不同粒径切割器分离。目前常用的采样器有四通道和中流量采样器，但是粒径分级范围小。监测点选择标准为当排气管截面积小于 $0.5m^2$ 时，只测一个点，取中间处；超过上述截面积时，则根据《固定污染源排气中颗粒物测定与气态污染物采样方法》（GB/T 16157—1996）中相应规定取点。

采样方法：

1）采样位置确定后，连接稀释通道采样系统。

2）计算烟气流速、密度、含湿量、等速采样流量等参数，按照《固定污染源排气中颗粒物测定与气态污染物采样方法》（GB/T 16157—1996）规范方法采用预测流速法确定等速采样嘴的直径。

3）根据烟气流速、稀释空气流速确定稀释倍数，调整好稀释空气进气口气体流量计流量。

4）根据需要，选择切割头，开启采样泵，按照稀释通道采样系统进气和出气流量调整相应流量计数值，记录采样开始时间等信息。

5）根据烟尘浓度确定采样时间；通过查看滤膜颜色，初步判断是否满足化学分析需要；关闭采样泵，取下滤膜，记录结束时间；根据需要更换切割头和滤膜。

6）采样结束后检查滤膜是否有破损或边缘轮廓不清晰的现象。若有，则作废，重新采样。合格滤膜立即放入便携式冰箱或医用冷藏保温箱内低温保存。

采样注意事项：

1）防止膜污染。

2）抽取式分级采样法适用于除尘设施后的样品采集，采样过程中应保证餐饮除尘设施工作正常。

3）采样气体在停留室内停留时间应在 10s 以上，给颗粒物提供充分老化时间。

4）当烟道截面积较大须多点采样时，更换采样点后应根据该点流速及切割器工作流量重新选择采样嘴，以实现等速采样。

5）测试期间，测试对象工况应稳定、污染物控制设施应运行正常。

6）采集不少于 3 组样品，每组样品包含 4 个通道滤膜。

7）餐饮源排放的烟气携带大量的油烟，采集时油烟容易吸附在采样器内部，导致仪器难以清洗，容易造成仪器损伤。应开展预实验，选择采样器耐受的最佳采样时长。

（2）餐饮无组织源采样法

餐饮无组织源采样法可用于开展火锅店、烧烤店以及其他排烟灶头未经油烟净化设施而直接排放的无组织餐饮源样品的采集。

采样方法：

1）参考《室内空气质量标准》（GB/T 18883—2002）要求的采集方法实施布点，利用对角线式或梅花式布点，同时采样点应避开通风口，离墙壁距离应大于 0.5m。采样高度距离地面高度不得低于 1.5m，采样点应避开障碍物。

2）仪器位置确定和安装后，按照正确的操作仪器规范进行采样。分中午和晚上两次采样，开展预实验确定采样时间。

3）采用大气颗粒物采样器，使用与环境空气颗粒物相同的方式进行滤膜采样。

4）采样后滤膜的处理及保存方法与餐饮源抽取式分级采样法相同。

3.2.6 各源类推荐采样技术

固定源采样方法有稀释通道采样法和烟道内直接采样法。稀释通道采样法可模拟烟气排放到大气中几秒到几分钟内的稀释、冷却、凝结等过程，捕集的颗粒物可近似认为是燃烧源排放至环境空气中的颗粒物。该方法适用于燃煤源、燃油源、燃气源、生物质燃料源等固定燃烧源，包括各类电厂锅炉、工业锅炉、民用锅炉等；还适用于钢铁、建材、石油化工、冶金工业炉窑等工艺过程源，包括烧结、球团、炼铁、炼钢、焦化、电解铝、氧化锌、水泥、砖瓦、石灰、陶瓷、玻璃、废弃物处理等；还有部分其他源类，如餐饮源、船舶源等也可使用稀释通道采样法。烟道内直接采样法采集到的颗粒物为烟道环境状况下的颗粒物，并不能像稀释通道采样法一样模拟采集源排放至环境受体中的颗粒物。但直接采样法相较稀释通道采样法设备简易，当采样平台或采样处不易安装稀释装置时，可选用直接采样法进行直接采样。再悬浮采样法也可用于某些固定源和工艺过程源，如将现场收集的燃煤源烟气除尘器下载灰均匀喷入密闭的再悬浮容器内模拟颗粒物在大气中的沉降过程。该方法的基本假设是烟气中某个粒径段颗粒物的化学组分占比与除尘器下载灰中的颗粒物一致，且烟气中颗粒物的生成机理与颗粒物在环境中生成机理相近。下载灰再悬浮采样法的真实性存在局限。

扬尘源的时空分布与排放强度具有较强的不确定性，易受周边其他污染源类影响，现场直接采样往往难以获得具有代表性的样品，一般在现场采集全粒径样品，在实验室利用再悬浮采样器进行不同粒径源样品的采集。

移动源主要针对各类机动车，采样方法主要包括现场实验法（隧道法）、稀释通道采样法等。稀释通道采样法还可分为全流式稀释通道采样法和分流式稀释通道采样法。前者将全部排气引入稀释通道里，测量精度高，但体积较大，价格昂贵；后者仅将部分排气引入稀释通道里，体积较小。如条件允许，可进行台架实验，在发动机台架上或底盘测功机上模拟汽车在道路上实际行驶的状况（加速、减速、匀速、怠速等），结合稀释通道采样法，采集机动车在不同工况下排放的颗粒物，可提高源解析结果的精准度。

对于生物质燃烧和散煤燃烧，稀释通道采样法已被应用于测定不同燃烧方式涉及的排放，如在室内或实验室使用炉灶或燃烧室模拟燃料燃烧，以及露天焚烧或野外测定等。餐饮油烟尘采样方法主要有稀释通道采样法和无组织采样法。稀释通道采样法适用于安装有除尘设施的餐饮源有组织排放废气中颗粒物样品的采集。无组织采样法可用于监测火锅店、烧烤店以及其他未经处理而直接排放的无组织排放源颗粒物。各源类推荐采样技术见表 3-1。

表 3-1　各源类推荐采样技术

源类	推荐采样技术
固定源	稀释通道采样法、烟道内直接采样法
扬尘源	再悬浮采样法
移动源	隧道法、稀释通道采样法
生物质燃烧源	稀释通道采样法
餐饮源	稀释通道采样法、无组织采样法

3.3　分析技术的发展

自 20 世纪 80 年代以来获取颗粒物化学成分的仪器分析方法得到快速发展，成分的种类与分析结果的精准度得到大幅提升。文献中我国典型源谱数据通常包含元素（如 Al、As、Ca、Cd、Cr、Cu、Fe、K、Mg、Mn、Na、Pb 和 Zn 等）、有机碳（OC）、元素碳（EC）和水溶性离子（Cl^-、NO_3^-、SO_4^{2-}、NH_4^+、K^+、Na^+、Mg^{2+}、Ca^{2+}等）。关于测定不同化学组分的详细步骤在文献中多有具体介绍（Chow et al.，1994，2004；Hou et al.，2009；Pei et al.，2016）。

电感耦合等离子体发射光谱仪（ICP-OES）或电感耦合等离子体原子发射光谱仪（ICP-AES）被广泛应用于特氟龙或其他种类有机滤膜样品上的无机元素含量测量。近年来，还使用了电感耦合等离子体质谱仪（ICP-MS）或 X 射线荧光等分析技术测定滤膜样品中的无机元素，它们具有较低的阈值、较高的准确性和较快的响应时间（Tsai et al.，2004）。

通常使用热或热光法测定颗粒物中有机碳和元素碳的含量。IMPROVE_A（美国沙漠研究所，Desert Research Institute，DRI）和 NIOSH5040（美国国家职业安全卫生研究所，National Institute for Occupational Safety and Health，NIOSH）两种分析方法被广泛应用于基于热光碳分析仪的有机碳和元素碳分析，通过对时间-温度关系进行定义，OC-EC 分裂点由光反射/透射率决定（Chow et al.，1994，2004；Zhang Y X et al.，2007；Hou et al.，2009；Phuah et al.，2009）。颗粒物样品的水溶性离子含量分析常基于不同类型的离子色谱（IC）或大容量阴阳离子交换柱（齐堃等，2015）开展，石英滤膜或特氟龙滤膜样品都可以用于离子分析，实际操作中石英滤膜居多。

有机示踪物可用作特定源的标识物，在估算源贡献方面有重要作用。目前大多数源谱以无机物为主，只有少数研究提供了有限的有机化合物信息。有机示踪物在源解析研究中具有重要价值，可提供比无机物更多的源特异性信息。例如，左旋葡聚糖是用于生物质燃烧的有机示踪物（Lee et al.，2008）；氮杂芳烃（氮杂环多环芳烃化合物）是煤炭不充分燃烧的标识物（Junninen et al.，2009；Bandowe et al.，2016）；甾醇、单糖酐和酰胺是餐饮排放的标识物（Schauer et al.，1999，2002；He et al.，2004；Zhao et al.，2007a，2007b；Cheng et al.，2016）。此外，多种分析技术可实现具有示踪功能的同位素信息的测定，如可以使用 ICP-MS 测定 Pb 同位素，Pb 同位素通常不受普通化学、物理或生物分馏过程的影响（Gallon et al.，2005；Cheng and Hu，2010）。其他同位素，包括放射性 C（Wang et al.，

2017)、S（Han et al.，2016）、N（Pan et al.，2016）以及天然 Si（Lu et al.，2018）等，近来也被用作源标识物，可通过相应的同位素质谱仪测定其在颗粒物源与受体中的含量。

3.4 源样品分析技术

3.4.1 质量分析

样品采集前，石英膜放入马弗炉中设定 600℃烘烤 2h，特氟龙膜和铝膜均放入温度设定 60℃的烘箱烘烤 2h，以去除膜表面的杂质和水分。为了防止采样时细小的颗粒物在铝膜上反弹，铝膜需涂抹固定剂。采样滤膜均保留现场空白用于分析校准。空白滤膜或采后滤膜称重前，将滤膜放在恒温 20.0±1.0℃、恒湿（相对湿度为 50%±5%）的洁净室内平衡 72h 至恒重，再使用百万分之一天平（METTLERTOLEDO AX-205）称量采样前后滤膜的重量。颗粒源样品的平衡如图 3-2 所示，由于 25mm 滤膜的负荷质量较小，尘重普遍小于 100μg，而影响样品膜称重的因素较多，主要包括温度、湿度、现场工况、运输震动等，所以对 25mm 滤膜推荐采用循环称量的方法，每隔 2h 以上进行一次称量，循环称量直至两次质量误差范围小于±5μg，即称量结果在原始质量±5μg 范围内，则该滤膜称量合格。具体操作参看《环境空气颗粒物（$PM_{2.5}$）手工监测方法（重量法）技术规范》（HJ 656—2013）。

图 3-2　颗粒源样品在称量前的平衡

3.4.2 常规组分分析

3.4.2.1 元素组分的分析测定

本节介绍了使用 ICP-OES（或 ICP-AES）方法对 Na、Mg、Al、Si、K、Ca、Ti、V、Cr、Mn、Fe、Ni、Cu、Zn、Pb、As、Cd、Co、Hg、S 等 20 种无机元素进行分析的技术流程。

（1）方法原理

使用特氟龙滤膜（或聚丙烯滤膜）采集颗粒物样品，经盐酸—硝酸—双氧水高温密闭酸性消解法处理，冷却定容制备成样品溶液，消解后的试样进入等离子体发射光谱仪的雾化器中被雾化，由氩载气带入等离子体火炬中，目标元素在等离子体火炬中被气化、电离、激发并辐射出特征谱线。在一定浓度范围内，其特征谱线强度与元素浓度成正比。

（2）样品制备

取适量滤膜样品（90 膜取 1/8、47 膜取 1/2），用陶瓷剪刀剪成小块置于微波消解容器中，加入 10.0mL 混合消解液（硝酸：盐酸：双氧水比例为 1：3：1，取一份混合酸溶液并添加等量的超纯水配成一份混合消解液），使滤膜碎片浸没其中，加盖，置于消解罐组件中并旋紧，置于微波转盘架上。设定消解程序为：10min 上升到 120℃稳定 8min；3min 上升到 150℃稳定 8min；3min 后上升至 180℃稳定 8min；3min 后上升至 200℃稳定 10min。消解结束后，取出消解罐组件，冷却，以超纯水淋洗微波消解容器内壁，定容到 25mL（滤膜直径 90mm 或 47mm），以 0.22μm 微孔过滤器过滤。样品制备见图 3-3。

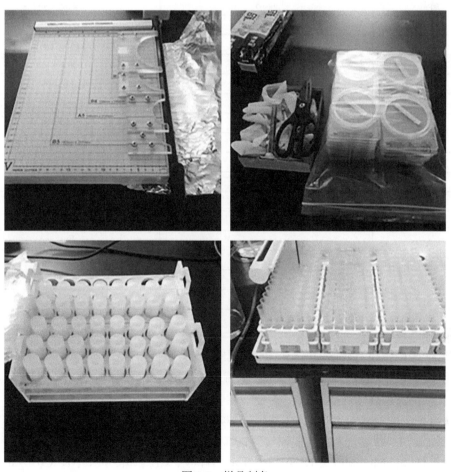

图 3-3　样品制备

（3）实验条件

A. 仪器条件

仪器：以 iCAP 7000series ICP-OES Spectrometer 电感耦合等离子体原子发射光谱仪为例，生产厂家为 Thermo 公司。

测试条件：输出功率 1150W；辅助气流量 0.5L/min；蠕动泵速 50r/min；雾化器气体流量 0.50L/min；冷却气流量 12L/min；CID 温度＜−40℃。

谱线选择：根据仪器的性能，对每个元素选定 2～3 个谱线进行测定，最终确定最佳谱线。各元素的最佳分析谱线见表 3-2。

表 3-2　各元素的最佳分析谱线

元素	测量波长/nm	出厂时测量范围/（mg/L）
Al	396.1	0.007～500
Ca	422.6	0.000 06～10
Cd	214.4	0.000 5～10
Cr	267.7	0.000 9～50
Fe	259.9	0.000 8～50
Mg	285.2	0.007～500
S	180.7	0.010～200
Zn	213.8	0.000 8～100
As	189.0	0.003～50
Co	228.6	0.001～25
Cu	221.8	0.000 7～50
K	766.4	0.035～25
Mn	257.6	0.000 15～50
Ni	231.6	0.001～25
Pb	220.3	0.002～25
Ti	336.1	0.000 3～10
V	292.4	0.001～100
Hg	184.9	—
Na	818.3	—
Si	251.6	0.004～50

B. 辅助设备

CEM 密闭微波消解仪，生产厂家为美国培安有限公司。

密闭消解罐（PTFE 内罐），参数：内罐容量 25mL。

C. 试剂及耗材

优级纯硝酸溶液为 500mL；优级纯盐酸为 2500mL；优级纯过氧化氢 30%为 500mL。燃烧气为氩气；助燃气为氩气；载气为氩气。

标准样品：Na、Mg、Al、Si、K、Ca、Ti、V、Cr、Mn、Fe、Ni、Cu、Zn、Pb、As、Cd、Co、Hg、S 各元素标准储备液，标准值为 1000μg/mL，规格为 50mL，国家有色金属及电子材料分析测试中心生产。

各元素测定值的加标回收率 85%＜Pi＜115%，各元素测定值的相对标准偏差（relative standard deviation，RSD）＜10%，满足分析方法要求。样品测定时，每测定 10 个样品进行单点校准和空白样测定，所有检测结果均满足质控要求。

3.4.2.2　碳组分的分析测定

下面以 DRI 2001A 型有机碳/元素碳（OC/EC）热光分析仪为例，介绍颗粒物样品中碳组分的分析测定方法。方法参考 EPA IMPROVE_A 中的相关内容。

（1）方法原理

热光分析仪的工作原理是基于不同温度下加热释放有机碳、元素碳，并用 He-Ne 激光分离 OC、EC 来进行测量。

在热光炉中，先通入氦气，在无氧的环境下程序升温，逐步加热颗粒物样品，使样品中有机碳挥发，之后通 2%氧+98%氦混合气，在有氧的气氛下继续加热升温，使得样品中的元素碳燃烧。释放出的有机物质经催化氧化炉转化生成 CO_2，生成的 CO_2 在还原炉中被还原成 CH_4，再由火焰离子化检测器（FID）定量检测。无氧加热时的焦化效应（charring，也称为碳化）可使部分有机碳转变为裂解碳（OCPyro）。为检测出 OCPyro 的生成量，用 633nm He-Ne 激光全程照射样品，监测加热升温过程中反射光强（或透射光强）的变化，以初始光强作为参照，确定 OC 和 EC 的分离点。

（2）分析过程

无氧加热时段与各个温度台阶相对应的碳为 OC1、OC2、OC3、OC4；有氧加热步骤中对应各个温度台阶的碳为 EC1、EC2、EC3。其中，EC1 中包含了 OPC。检测样品对 633nm He/Ne 激光的光强变化，将反射光强回到初始光强的时刻定义为 EC 的起始点，从 EC1 中分离出 OPC。因此，当一个样品测试完毕，有机碳和元素碳的 8 个组分（OC1、OC2、OC3、OC4、EC1、EC2、EC3、OCPyro）同时给出，IMPROVE 协议将总有机碳（total organic carbon，TOC）定义为 OC1+OC2+OC3+OC4+OCPyro，总元素碳（total elemental carbon，TEC）定义为 EC1+EC2+EC3-OCPyro。

该方法最低检测限：总有机碳为 $0.82\mu gC/cm^2$，总元素碳为 $0.20\mu gC/cm^2$，总碳（TC）为 $0.93\mu g\ C/cm^2$。测量范围为 $0.2\sim750\mu gC/cm^2$。

（3）质量控制

每次检测样品前，需进行系统稳定性检测（三峰检测），相对标准偏差应不超过 5%，同时 FID 信号漂移小于±3mV。最后一个样品分析完后进行校准。如果校准结果与先前的校准结果相比超出偏差范围（5%），则重新运行校准程序；更换校准气体后，需对仪器进行校准，使用蔗糖标液（$2.104\mu gC/\mu L$）进行标定，要求连续 5 次偏差＜5%；每测定 10 个样品后进行复测。按质控要求定期对仪器进行核查，确保仪器正常使用。

3.4.2.3　离子组分的分析测定

（1）方法原理

将粉末源样品或滤膜上采集的颗粒物源样品经去离子水浸泡、超声波提取、微孔滤膜过滤后，得到颗粒物水溶性阴、阳离子样品提取溶液。将该提取液通过离子色谱仪测定溶液中阴、阳离子含量,并计算出颗粒物源样品中水溶性阴、阳离子的占比。

（2）样品制备

小心剪取 1/4～1 张滤膜样品,剪成小块,放入样品瓶,将分析离子使用的玻璃离心管用超纯水清洗后,用超声波清洗器清洗三次,滤干。再放入烘箱内 2h 烘干。将待测样品放入冷却后的离心管中,加入 8mL 超纯水后放入超声波清洗器中超声提取 20min。超声后的离心管放入冰箱中冷藏 24h。用针管吸取离心管中间澄清液体,通过两个 0.2μm 的过滤头过滤后注射入样品瓶中。

（3）实验条件

1）仪器及条件

仪器：Thermo ICS900 离子色谱仪,Thermo 公司生产。

测定条件：离子色谱仪工作条件见表 3-3。

表 3-3 离子色谱仪工作条件

序号	名称	水溶性阳离子	水溶性阴离子
1	分离柱	CS12A 4mm	AS22 4mm
2	保护柱	CG12A 4mm	AG22 4mm
3	抑制器	CSRS-500 4mm	ASRS-500 4mm
4	检测器	电导检测器	电导检测器
5	进样量	0.5～0.8mL	
6	淋洗液流速	1.2mL/min	

2）标准及辅助设备

辅助仪器：超声波清洗器。

样品过滤头：希波氏 HydrophilicPTFE 0.2μm。

淋洗液：水溶性阳离子：甲烷磺酸,20mL 99%甲烷磺酸溶液稀释至 2000mL 容量瓶中；水溶性阴离子：$NaHCO_3$ 为 0.14mol/L,Na_2CO_3 为 0.45mol/L。

阳离子标准储备溶液：取 5mL Na^+ 标液、10mL NH_4^+ 标液、50mL K^+ 标液、20mL Ca^{2+} 标液、5mL Mg^{2+} 标液于 100mL 容量瓶定容。

阳离子标准使用液：分别取 1mL、2mL、5mL、10mL、20mL 阳离子标准溶液定容至 100mL。配置成表 3-4 所示的系列浓度。

表 3-4 阳离子系列浓度　　　　　　　（单位：mg/L）

离子名称	标准系列浓度					
Na^+	0	0.50	1.00	2.50	5.00	10.00
NH_4^+	0	0.10	0.20	0.50	1.00	2.00
K^+	0	0.50	1.00	2.50	5.00	10.00
Ca^{2+}	0	2.00	4.00	10.00	20.00	40.00
Mg^{2+}	0	0.50	1.00	2.50	5.00	10.00

阴离子标准储备溶液：取 1mL F^- 标液、10mL Cl^- 标液、1mL Br^- 标液、1mL NO_2^- 标

液、10mL NO_3^- 标液、5mL PO_4^{3-} 标液、20mL SO_4^{2-} 标液于 100mL 容量瓶中定容。

阴离子标准使用液：分别取 1mL、2mL、5mL、10mL、20mL 阴离子标准溶液定容至 100mL。配置成表 3-5 所示的系列浓度。

表 3-5 阴离子系列曲线浓度 （单位：mg/L）

离子名称	标准系列浓度					
F^-	0	0.10	0.20	0.50	1.00	2.00
Cl^-	0	1.00	2.00	5.00	10.00	20.00
Br^-	0	0.10	0.20	0.50	1.00	2.00
NO_2^-	0	0.10	0.20	0.50	1.00	2.00
NO_3^-	0	1.00	2.00	5.00	10.00	20.00
PO_4^{3-}	0	0.50	1.00	2.50	5.00	10.00
SO_4^{2-}	0	2.00	4.00	10.00	20.00	40.00

采用 DRI 质量控制标准，每测定 10 个样品复检 1 个，样品质量浓度在 0.030～0.100mg/L 时，标准偏差为±30%；质量浓度在 0.100～0.150mg/L 时，标准偏差为＜20%；样品质量浓度＞0.150mg/L 时，标准偏差为 10%。

3.4.3 多环芳烃组分的分析测定

使用气相色谱-质谱法（安捷伦 7890B/5977B（GC/MSD））对颗粒物中的多环芳烃进行测定，分析 EPA 推荐测定的 16 种优控多环芳烃，包括萘、苊烯、苊、芴、菲、蒽、荧蒽、芘、䓛、苯并（a）蒽、苯并（k）荧蒽、苯并（b）荧蒽、苯并（a）芘、二苯并（a,h）蒽、茚并（1,2,3-cd）芘、苯并（g,h,i）苝。

（1）方法原理

样品经过有机萃取、浓缩等预处理后，先由气相色谱仪分析。根据有一定活性的吸附剂与含各组分混合样品之间的吸附-解析能力不同，各组分先后通过色谱柱后分离，从而有序进入检测器中被记录。随后，各类组分通过连接口进入质谱仪，离子源将被测组分离子化，在聚焦、引出电极的作用下送入四级杆系统。根据不同组分的带电离子在电场或磁场中运动情况的差异性，将离子按照质荷比（m/z）进行分离，从而得到样品的质谱图，获得最终定性和定量结果。

（2）样品处理

1）将试管、KD 瓶、烧杯用试剂清洗并贴相应标签，废液倒入废液瓶。

2）90mm 石英膜 1/8 剪碎放入试管中（无尘纸擦剪刀，以剪最少次为原则）。

3）在试管中加入 5mL 二氯甲烷和 5mL 正己烷（试管封口）。

4）超声萃取 1h，温度 30℃（加冰），结束后将溶液过滤（滤膜过滤）收集到相应的 KD 瓶中（放入冰箱，用铝箔封口）。

5）重复步骤 2）和步骤 3）。

6）将溶液经过硅土萃取柱进行净化，净化步骤参照《环境空气和废气　气相和颗粒物中多环芳烃的测定气相色谱-质谱法》（HJ 646—2013）执行。

7）将 KD 瓶中的提取液氮吹浓缩至 5mL 以下（2～3mL 即可）。加入 5～10mL 正己烷，继续浓缩，将溶液完全转为正己烷，浓缩至 1.0mL 以下。

8）定容至 1.0mL，用小针管转移到样品瓶中待分析（小针管用提取液润洗）。制备的样品在 4℃以下冷藏保存，30 日内完成分析。

（3）实验分析

每次进样 1.0μL，色谱采用升温程序，初始温度 70℃，停留 2min，以 10℃/min 速率梯度升温至 290℃，停留 5.5min，再以 5℃/min 升温至 320℃。以 He 气为载气，流量保持 1mL/min。质谱分析的离子源为 EI 源，离子源温度为 230℃，离子化能量为 70eV，溶剂延迟 8min。数据采集方式为 SIM 模式。

（4）质量控制

使用的单个 PAHs 标准物质纯度要求达到 98%以上，具体信息见表 3-6。参考 EPA 方法，样品分析中均进行标样、空白样的回收率测定，以保证实验结果的准确性与精密度。其中标样测定为每批次分析取标样 0.5mL 于样品瓶中，用移液管加入 0.5mL 正己烷分析测定。回收率测定为每批次取空白石英膜加入一定量标样，进行提取测定。空白测定为取空白石英膜，进行提取测定，平行测样三次。实验表明，空白样品中未检出多环芳烃类化合物，加标回收率结果为 70%～110%，平行样相对偏差未超过 15%。

表 3-6　标准物信息

名称	CAS 号	纯度/%	浓度/（mg/L）
Phenanthrene-d10	1517-22-2	99.1	1989±4.55
Chrysene-d12	1719-03-5	98.9	1971±20.12
Perylene-d12	1520-96-3	99.7	2040±4.66
Naphthalene-d8	1146-65-2	99.9	2006±4.59
Accnaphthene-d10	15067-26-2	98.7	1970±4.5

3.4.4　形貌特征

通过对扫描照片进行图像分析，可以获得颗粒物的等效粒度分布、不同类型颗粒物的来源及颗粒物物理参数和化学组成之间的相关关系等。扫描电镜（scanning electron microscope，SEM）的样品制备应该满足下面 4 个条件：第一，制备的观察样品应有完整的组织和形态；第二，所制备样品的观察部位能较清楚地显现；第三，所制备的样品应该有良好的导电性能且二次电子的产额足够大；第四，制备的样品处于干燥状态。

（1）方法原理

利用扫描电镜-能谱系统（SEM/EDX）对源颗粒物进行形貌表征和观测识别。该系统主要包括真空系统、样品室、电子枪、透射系统、二次电子检测-放大系统和 X 射线检测系统等部件。电子枪主要有热电子发射型和场发射型两种类型，提高电子源的亮度可以得到更高的分辨率。场发射枪发射的电子亮度比普通钨丝灯及六硼化镧电子发射枪发射的数量级更高，获得的图像分辨率更高。采用场发射扫描电子显微镜/X 射线能谱系统对样品的单颗粒形态和成分进行分析，样品通过制样后，使用场发射扫描电子显微镜获取每个样品的数字图像。

（2）制样方法

对采集的特氟龙滤膜样品进行 FESEM 场发射扫描电镜（型号：JSM-7800）分析和 EDX（X 射线能谱）分析，获得颗粒物的微观形貌、粒径和颗粒物成分等信息。仪器的主要规格和技术指标：分辨率为 0.8nm（15kV）或 1.2nm（1kV）；放大倍数为 25~1 000 000x；加速电压为 0.01～30kV；束流强度为 200nA（15kV）；电子枪为浸没式热场发射电子枪；物镜设计为超级混合式物镜。

用于 FESEM 及 EDX 分析的样品制备方法：将采集的滤膜裁下 1cm^2 左右大小，用导电胶带将样品平坦地粘贴在铝制 SEM 样品桩上。在高真空下，使用离子溅射法将样品镀一层 20nm 左右的金钯（Au/Pd）合金以进行形貌分析。镀膜是保证图片高分辨率的关键步骤，需使用高质量的镀膜仪器，保证 Au/Pd 合金的颗粒足够细，不影响单颗粒物形貌的观察。镀膜时间要根据分析目的进行调整，如果进行化学组分分析，需严格控制镀膜的时间，既能清晰观察颗粒，又要尽量避免镀膜对颗粒成分的影响。综合以上要求与预实验结果，设置镀膜时间为 20min。

（3）图像分析

样品制样后使用场发射扫描电子显微镜 X 射线能谱（FESEM/EDX）系统对颗粒物的单体形态和成分进行分析，具体方法可参考文献（范海燕，2004）。为保证样品的高分辨率，以便进行图像分析，需将获取图片的时间设成 60～90s，不能过短。另外，每个样品必须有足够的样本量，每个样品取 10 张以上照片，观察 1000 个左右粒子以获得有代表性的结果。随机选择样品的位置可放大 1000 倍、2000 倍、5000 倍，具体放大倍数要根据颗粒物的粒径来确定。此外，对于某些特征明显的颗粒物，放大图像以了解其细节特征。另外配有 X 射线能谱分析系统，分析颗粒物的化学组成。

3.4.5 挥发性有机物

利用四氟乙烯气袋采集的挥发性有机物气体带回实验室，利用气相色谱质谱仪 GC/MS 进行分析。本书以安捷伦 7890B/5977B 型气相色谱质谱仪为例对其分析原理与过程进行描述。

（1）方法原理

样品在经过有机试剂萃取、浓缩等预处理、柱前衍生化后首先进入气相色谱仪，根据各组分之间的吸附-解析能力不同，先后离开毛细管柱进入检测器。各组分通过在色谱柱中的保留时间不同，再与标样的保留时间进行对比确定组分类别。各组分通过连接口进入质谱仪离子源，与电子作用形成正离子，在聚焦、引出电极的作用下送入四级杆系统（质量分析器）。四级杆系统在高频电压与正负电压联合作用下形成高频电场，将从离子源而来的不同质荷比（m/z）的离子进行分离，得到按质荷比大小顺序排列的质谱图。最后通过离子检测器获得各类组分浓度。

（2）样品制备

分析时气袋通过一小段聚四氟乙烯管直接与自动进样器（ENTECH 7016D，美国）连接，气袋处于常温状态，自动进样器内部阀体和样品传输线温度控制在 80℃。样品气体首先进入到大气预浓缩进样系统（ENTECH 7200D，美国）进行预浓缩前处理。浓缩系统运行时会经过 21 个步骤，每个步骤中仪器阀体、传输线、冷阱都会有不同的温度。再通过三级冷阱，通过 VOCs 与 N_2、O_2、CO_2、H_2O 不同的沸点与冷凝点，调节三级冷阱的温度来去除其他气态杂质，使其达到不影响分析的水平。之后 VOCs 在第三级冷阱通过加热，以气态形式随着载气进入气相色谱进行分析。若气袋保持高温，需测定湿度。若气体质量浓度太高，可使用较小的定量管或稀释进样。

首先分析一部分样品，用已知样品峰的保留时间确认所有的峰。对于不能被鉴定且面积超过总面积 5%的出峰，应用 GC/MS 鉴定；或做进一步的气相色谱分析，并通过同已知物质比较保留时间来按估计最可能的 VOCs 物种。

（3）标准曲线与检出限

应用所有目标化合物的标准校样气体。每种有机物至少需要三种不同质量浓度的标准气体，可用混合标准物质。清洗进样定量管 30s，使定量管的压力与大气压相同，然后打开进样阀进样分析。做三次平行样，偏差应在 5%的平均值范围内。如达不到要求，加做样品或改进条件直到符合为止。然后分析其他两种质量浓度的标准，建立标准曲线。标准曲线为 5 个浓度点，保证目标物相对响应因子的相对标准偏差小于或等于 30%，否则查找原因并重新绘制标准曲线。所有样品分析完毕后，做样品中等水平的标准气体。假如偏差超过 5%，则需要再分析其他质量浓度标准，做前分析和后分析的联合校准曲线。假如两种响应因子偏差小于 5%，可以用分析前校准曲线计算。

3.4.6　其他有机物

（1）方法原理

使用气相色谱-质谱法，对胆固醇、菜油甾醇、豆甾醇、β-谷甾醇四类甾醇类有机物质和甘露聚糖、半乳聚糖、左旋葡聚糖四类糖类有机物质开展分析。主要试剂条件如表 3-7 所示。颗粒物样品在经过有机试剂萃取、浓缩等预处理、柱前衍生化后首先进入气相色谱仪，根据固定相与移动相各组分之间的吸附-解析能力不同，先后离开毛细管柱而进入检测器。各组分通过在色谱柱中的保留时间不同，再与标样的保留时间进行对比确定组分类别。各类组分通过连接口进入质谱仪离子源，与电子作用形成正离子，在聚焦、引出电极的作用下送入四级杆系统（质量分析器）。四级杆系统在高频电压与正负电压联合作用下形成高频电场，将从离子源而来的不同质荷比（*m/z*）的离子进行分离，得到按质荷比大小顺序排列的质谱图。最后通过离子检测器获得各类组分浓度数据。

表 3-7　主要试剂条件　（单位：%）

试剂类型	纯度	生产商
胆固醇	99	Cambridge Isotope/美国
菜油甾醇	98	Shimadzu/日本

续表

试剂类型	纯度	生产商
豆甾醇	98	Toronto Research Chemicals/加拿大
β-谷甾醇	98	Chem Service/美国
甘露聚糖	98	Apollo Scientific Limited/英国
半乳聚糖	97	J&K/中国
左旋葡聚糖	99	Toronto Research Chemicals/加拿大

（2）样品前处理

样品前处理包括样品萃取和净化。以快速溶剂萃取（accelerated solvent extraction，ASE）法为例，ASE 的条件设定：萃取溶剂为含 10%甲醇的二氯甲烷和正己烷的混合溶剂（$V:V$，2:1），在温度 120℃、压力 150psi[①]的条件下循环提取 3 次，合并 3 次所得萃取液，浓缩后低温保存待分析。之后进行柱前衍生化处理，使用正己烷定容待分析样品至 200μL，加入之前配好的 100μL 硅烷化衍生试剂（TMCS:BSTFA=1:99），在 70℃下反应 60mins 后，取反应液上清液进样上机分析。

（3）实验分析

色谱仪和色谱柱分别采用美国安捷伦开发生产的 7010 气质联用仪和 DB-5MS 毛细管柱，其中色谱柱长 30m，内径 0.25mm，膜厚 0.25μm，载气为纯度 99.999%的氦气，流速 1.2mL/min。进样口温度 300℃，采用不分流方式进样，进样量 1μL。采用程序升温，初始温度为 60℃，保持 5min，先以 15℃/min 的速度升温至 120℃，然后立即以 5℃/min 升至 300℃终温，并在终温保持 20min。质谱使用电子轰击离子源（EI），离子源温度为 230℃，离子化能量为 70eV，采用 SIM 扫描模式；溶剂延迟 2.6min；传输线温度 280℃。

3.4.7　同位素分析技术

3.4.7.1　铅同位素

下面以多接收电感耦合等离子体质谱仪（Isoprobe TM 型 MC-ICP-MS，英国 GV 公司，原 MicroMass 公司）为例，阐述铅同位素分析的原理与过程。

（1）方法原理

样品通过载气带入等离子体矩管中，高温蒸发、解离从而离子化，然后使用质量分析器如四级杆、六级杆滤质器，将样品中的各种核素离子按照质荷比的不同分开，最终使用接收器（如法拉第杯、离子倍增器）接收这些核素离子并将其转化为电信号。鉴于同一元素具有同样的离化率（不同元素，原子转化为离子的效率是不一样的），通过对比同位素离子信号（如 ^{208}Pb、^{207}Pb 等）获取其同位素比。电感耦合等离子体质谱分析方法的特点是谱线简单、清晰、灵敏度高，检测下限一般在 ppb[②]级，甚至更低，浓度测

---

①1psi=1in^{-2}=0.155cm^{-2}。
②1ppb=1×10^{-9}。

量范围宽，准确度高，同位素丰度比的精度小于 0.5%。

（2）样品制备

微波消解法所用试剂量少且密闭，可以减少空气传播微粒导致的样品污染，在高温高压环境下，大大缩短了样品的处理时间，具有较低的空白值。因此选用高纯硝酸为消解试剂，应用微波消解法处理样品。为了防止温度升高过快而使部分消解罐超温，采用分阶段缓慢升温的方法。用硝酸体系消解颗粒物样品，高纯硝酸（BV-III级，北京化学试剂研究所产品）利用亚沸蒸馏器多次蒸发至近干，从而降低背景值影响。将石英滤膜（Φ25mm）溶解在蒸后的 HNO_3 溶液中，将聚四氟乙烯样品管放入微波消解仪（Mars5型微波消解器，美国 CEM 公司产品）消解 3h，然后降温至室温，过滤得到上清液，引入 MC-ICP-MS 测定 Pb 同位素。

（3）标准曲线与检出限

使用多接收电感耦合等离子体质谱仪测量 Pb 同位素丰度，Pb 离子束的测量采用法拉第杯同时多接收的方式。用 100ng/g 天然铅标准溶液对测量进行优化，对各个参数进行设置，使其灵敏度高、峰形好且有平顶。数据采集时间为 10s，测量次数为 12～20 次。一个样品测 10s，12～20 次测得一组数据，多组数据取平均，得到最终的测量结果。

3.4.7.2 碳同位素

使用同位素比值质谱仪（美国 Finnigan 公司 MAT-253 型）分析源样品中 OC 和 EC 的稳定碳同位素（^{13}C）组成。

（1）方法原理

高温下将滤膜样品上碳组分进行氧化燃烧，收集的 CO_2 产物通过同位素比值质谱仪进行测定（收集气体和标准气体双路进样），得到测定结果。样品中一种元素的同位素比值通常用式（3-1）来表示：

$$\delta_{样品}(‰)=(R_{样品}-R_{标准})/R_{标准}\times 1000 \tag{3-1}$$

式中，R 代表重同位素和轻同位素的原子丰度比，本书是指 $^{13}C/^{12}C$。碳同位素比值的参考标准采用国际标准（PDB）。

（2）方法优点

同位素比值质谱分析法在同位素自然丰度和示踪分析方面得到广泛应用，具有测试速度快、结果精确、样品用量少等优点。

（3）测试方法

通过分步加热氧化离线同位素比值质谱仪测定碳同位素组成，技术路线如图 3-4 所示。测试流程如下：

1）用盐酸除去滤膜样品中的碳酸盐，取 1/2 张样品滤膜（样品质量约 2mg），剪碎并装入石英舟。

2）将石英舟直接放入填充有氧化铜的石英燃烧管中，对玻璃氧化管道系统抽真空2min 后，将氧化炉温度升到 400℃，在高纯氧（含量≥99.99%）环境下氧化 10min，同时用液氮冷阱收集氧化产生的气体；氧化完毕后停止向石英燃烧管中供氧，用酒精液氮和液氮冷阱净化、收集 CO_2，抽去氧化产物中的其他杂质气体，及时将 CO_2 气体导入质谱仪（MAT-252 型，美国 Finnigan 公司）分析有机碳同位素组成，每次连续分析 4 次，使分析误差小于 0.3‰。

3）对玻璃氧化管道系统再次抽真空 2min 后通入氧气，将氧化炉温度从 400℃升到 900℃，并在此温度再恒温氧化样品 10min，同时用液氮冷阱收集氧化产物，同样步骤净化、收集 CO_2，测定其元素碳稳定同位素组成。

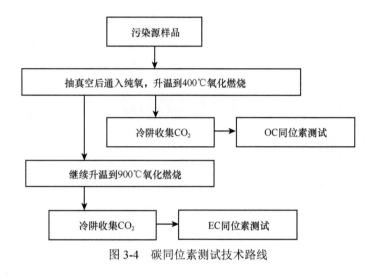

图 3-4　碳同位素测试技术路线

（4）质控措施

1）样品分析前均对分析仪器进行校准。

2）为了数据的准确性，每分析 5 个样品从中随机抽取 1 个样品再送入仪器进行分析，对比两次分析结果，保证误差在可接受范围内。

3）为了检验样品在分析过程中是否丢失，通过向样品中加入回收率指示剂（标准物质）测定回收率，若回收率接近 100%，证明样品在分析过程中没有丢失。

3.5　小　　结

本章综述了源谱构建中主流的源采样分析技术及其发展，介绍了采样分析技术的原理和具体分析方法，包括样品制备方法、仪器分析流程与质控方法等，比较了不同方法的优缺点。综合考虑各源类排放特点与源谱构建需求，提出了各源类推荐采样方法与典型化学组分的推荐分析方法。

第 4 章　典型源类综合理化特征研究

本章以历年来我国各类典型大气污染源类理化构成的基本信息为基础，结合近年来的最新进展，将常规组分、同位素、粒径谱和有机物等多种示踪组分或理化属性纳入综合源谱，获得多种典型源类的大气污染多组分综合源谱与化学组分特征。

4.1　固定燃烧源

4.1.1　电厂燃煤源

4.1.1.1　源谱特征综述

作为我国长期以来最为普遍的大型固定燃烧源，电厂燃煤源（或称燃煤机组）得到广泛关注，几十年来也有多个研究尝试采集其排放颗粒物的化学组成，本节对这些研究结果进行对比与综述。

使用相同采样方法（稀释通道采样法）收集相同锅炉类型的数据，并比较配备不同除尘设施和脱硫设施的电厂燃煤源成分谱特征，如图 4-1 所示。使用静电除尘器的 OC、

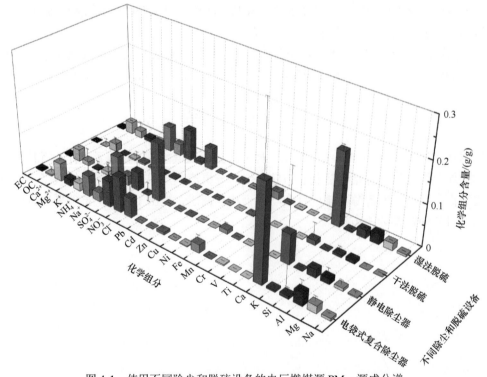

图 4-1　使用不同除尘和脱硫设备的电厂燃煤源 PM$_{2.5}$ 源成分谱

EC 和 Cl⁻的值高于使用电袋式复合除尘器的值，平均值分别为 0.0289±0.0342g/g、0.0036±0.0033g/g 和 0.1403±0.1686g/g。此外，使用电袋式复合除尘器的 Ca、NO_3^- 和 Ca^{2+}值较高。比较经过不同脱硫设备的数据发现，湿法烟气脱硫的 PM$_{2.5}$中 SO_4^{2-} 和 Ca 远高于干法脱硫。根据已有的研究，烟气中的 SO_2 经过石灰石浆液洗涤反应转化为 SO_4^{2-}，且部分随烟气排出（马召辉等，2015）。当使用石灰石法洗涤烟气时，Ca 也被带入烟气中随烟气排出。湿法烟气脱硫的 PM$_{2.5}$中 OC 值也高于干法脱硫中的 OC 值，这表明石灰石浆液中气态或液态有机物可能转化为碳质颗粒。经过湿法烟气脱硫后的 NH_4^+、Na^+ 和 Cl⁻浓度水平也高于干法脱硫，这些物质生成机制有待进一步研究。

为了评估不同采样方法对源成分谱的影响，同时使用下载灰再悬浮采样法和烟道气稀释通道采样法对中国无锡市某燃煤电厂进行了源采样，获得的 PM$_{10}$ 源成分谱如图 4-2 所示。对于再悬浮采样获得的源谱，其地壳元素（Si、Mg、Al 和 Ti）的值显著高于稀释通道采样法，而稀释通道采样法中 SO_4^{2-} 的值显著高于再悬浮采样，达到了 0.1643g/g。V、Cr、Mn、Co、Ni、Cu、Zn、Pb 和其他痕量金属在稀释通道采样中高度富集，是再悬浮采样法的 1.7～60.7 倍。这可能是由于这些痕量金属元素的熔点较低并且在燃烧期间易于液化或气化，在烟道内的颗粒表面上或在排出烟道后凝结（其中小颗粒具有大的

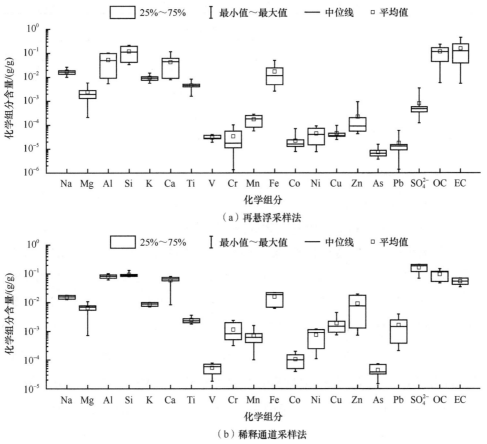

（a）再悬浮采样法

（b）稀释通道采样法

图 4-2　使用不同采样方法获得的燃煤电厂排放 PM$_{10}$ 的源成分谱

比表面积更容易富集)(戴树桂等, 1987)。先前发表的文章中也曾得到过类似的结果(Meij, 1994; Meij and Winkel, 2004; Zhang Y et al., 2009)。

4.1.1.2　样品采集信息

按照我国电厂燃煤源的现状,参照相关固定源采样技术规范,选取了典型电厂燃煤源排放污染物进行采集。选择的 4 家电厂(天津 1 家、山东泰安 1 家、四川成都 2 家),覆盖我国燃煤电厂使用的炉型(煤粉炉、循环流化床炉)、脱硝技术(选择性催化还原和非选择性催化还原)、脱硫技术(炉内喷钙法、石灰石/石膏法、双碱法)、除尘技术(电除尘和袋式除尘)、超净排放技术(二级湿法脱硫、湿法电除尘器),具体信息见表 4-1,锅炉烟气参数见表 4-2。每家电厂采集后的滤膜样品放入膜盒,置于保温箱中冷藏保存,带回实验室进行颗粒物理化组分的分析。

表 4-1　电厂燃煤源采样涉及的燃煤电厂的具体情况　　　(单位: t)

地区	采样时间	锅炉吨位	除尘方式	脱硫方式
天津	2017 年 3 月 21 日	120	静电	石灰石/石膏湿法
山东泰安	2016 年 6 月 15 日	480	电袋复合	氨法脱硫
四川成都	2016 年 5 月 29 日	150	静电	干法脱硫(石灰石掺烧)
四川成都	2016 年 5 月 18 日	2028	电袋(三电两袋)	石灰石/石膏

表 4-2　电厂燃煤锅炉烟气参数

电厂名称	流速/(m/s)	烟气温度/℃	SO_2/(mg/m³)	标干烟气量/(Nm³/h)	烟气湿度/%	含氧量/%
电厂 A	—	—	12	894 610	—	5
电厂 B	10	50	100	400 000	11	6
电厂 C	6.1	129	26	49 140	6	6
电厂 D	10.1	49.5	20	1 300 000	9.7	6.8

4.1.1.3　综合理化特征

(1)水溶性离子特征

电厂燃煤源排放的 PM_{10}、$PM_{2.5}$、$PM_{1.0}$ 和 $PM_{0.1}$ 中水溶性离子占比如表 4-3~表 4-6所示。可以看出,水溶性离子中含量较高的有 Cl^-、NO_3^-、Na^+、Ca^{2+}、NH_4^+、SO_4^{2-} 等组分。PM_{10} 中各厂 Cl^- 含量最高,为 1.09%~27.20%;其次为 K^+,含量范围为 0.51%~13.90%。NO_3^-、Na^+、Ca^{2+}、NH_4^+ 含量分别为 1.44%~9.76%、0.55%~4.34%、0.28%~2.36%、0.89%~3.77%;SO_4^{2-} 和 Mg^{2+} 含量分别为 0.01%~0.68%、0.03%~0.12%。$PM_{2.5}$ 中 Cl^- 含量较高,为 1.13%~27.82%;其次是 K^+,含量范围为 0.54%~14.22%。NO_3^- 含量范围为 1.47%~5.01%;SO_4^{2-} 含量范围为 0%~0.67%。$PM_{1.0}$ 中各厂 Cl^- 含量最高,为 1.67%~28.70%;其次是 K^+,含量范围为 0.69%~14.70%。NO_3^- 含量范围为 0.92%~5.58%;Na^+、NH_4^+、Ca^{2+}、SO_4^{2-} 含量范围分别为 0.63%~4.51%、1.36%~3.83%、0.18%~

3.02%、0～1.08%。$PM_{0.1}$ 中 K^+、Cl^-、NO_3^-、NH_4^+ 含量较高，分别为 0.71%～18.44%、1.34%～14.83%、0～2.64% 和 1.03%～2.90%；Ca^{2+} 含量范围为 0.43%～5.77%；Mg^{2+} 含量最低。

表 4-3　电厂燃煤源排放 PM_{10} 中水溶性离子占比　　（单位：%）

离子	电厂 A	电厂 B	电厂 C	电厂 D
Cl^-	3.67	2.26	1.09	27.20
NO_3^-	9.76	4.85	2.00	1.44
SO_4^{2-}	0.04	0.68	0.59	0.01
Na^+	2.57	0.55	0.58	4.34
NH_4^+	2.94	2.85	0.89	3.77
K^+	0.77	0.67	0.51	13.90
Mg^{2+}	0.04	0.11	0.12	0.03
Ca^{2+}	0.53	0.89	2.36	0.28

表 4-4　电厂燃煤源排放 $PM_{2.5}$ 中水溶性离子占比　　（单位：%）

离子	电厂 A	电厂 B	电厂 C	电厂 D
Cl^-	5.19	2.23	1.13	27.82
NO_3^-	2.03	5.01	2.06	1.47
SO_4^{2-}	0	0.62	0.67	0.01
Na^+	3.50	0.54	0.63	4.44
NH_4^+	1.55	3.10	0.91	3.85
K^+	0.72	0.68	0.54	14.22
Mg^{2+}	0.02	0.10	0.13	0.03
Ca^{2+}	0.31	0.81	2.32	0.28

表 4-5　电厂燃煤源排放 $PM_{1.0}$ 中水溶性离子占比　　（单位：%）

离子	电厂 A	电厂 B	电厂 C	电厂 D
Cl^-	6.39	2.54	1.67	28.70
NO_3^-	2.44	5.58	2.24	0.92
SO_4^{2-}	0	0.82	1.08	0
Na^+	4.09	0.63	0.99	4.51
NH_4^+	1.83	3.11	1.36	3.83
K^+	0.82	0.69	0.84	14.70
Mg^{2+}	0.03	0.12	0.19	0.02
Ca^{2+}	0.43	0.95	3.02	0.18

表 4-6　电厂燃煤源排放 $PM_{0.1}$ 中水溶性离子占比　　（单位：%）

离子	电厂 A	电厂 B	电厂 C	电厂 D
Cl^-	14.83	1.34	1.65	5.34
NO_3^-	0.79	1.89	2.64	0
SO_4^{2-}	0	0.84	1.32	0

续表

离子	电厂 A	电厂 B	电厂 C	电厂 D
Na^+	19.27	0.75	1.84	15.84
NH_4^+	1.63	1.03	2.25	2.90
K^+	3.58	0.71	1.58	18.44
Mg^{2+}	0	0.11	0.29	0.52
Ca^{2+}	0.43	0.81	5.77	5.16

（2）碳组分特征

含碳颗粒物主要来自化石燃料的燃烧。OC 和 EC 是含碳颗粒物中最重要的组分。如表 4-7～表 4-10 所示，4 个电厂燃煤源排放 PM_{10}、$PM_{2.5}$、$PM_{1.0}$、$PM_{0.1}$ 中 OC 的占比变化范围分别是 3.84%～22.22%、5.80%～25.08%、6.33%～35.44%、2.05%～9.82%。PM_{10}、$PM_{2.5}$、$PM_{1.0}$ 中 OC 含量在电厂 C 均较高，$PM_{0.1}$ 中 OC 含量在电厂 D 含量较高。4 个电厂燃煤源排放 EC 含量变化范围较 OC 小，分别为 0.34%～0.73%、0.40%～0.61%、0.18%～0.25%、0.22%～0.97%。

表 4-7　电厂燃煤源排放 PM_{10} 中碳组分占比　　　　（单位：%）

碳组分	电厂 A	电厂 B	电厂 C	电厂 D
OC	3.84	8.02	22.22	4.00
EC	0.34	0.57	0.20	0.22
OC1	0.83	0.58	20.96	0.21
OC2	1.14	1.57	0.24	1.56
OC3	1.40	5.24	0.57	1.55
OC4	0.43	0.33	0.34	0.26
EC1	0.23	0.58	0.15	0.46
EC2	0.15	0.23	0.12	0.18
EC3	0	0.05	0.04	0

表 4-8　电厂燃煤源排放 $PM_{2.5}$ 中碳组分占比　　　　（单位：%）

碳组分	电厂 A	电厂 B	电厂 C	电厂 D
OC	5.80	8.96	25.08	6.62
EC	0.62	0.61	0.20	0.38
OC1	1.55	0.51	24.17	0.23
OC2	1.87	1.60	0.18	2.48
OC3	1.76	6.14	0.38	2.7
OC4	0.55	0.37	0.30	0.45
EC1	0.42	0.65	0.11	0.82
EC2	0.28	0.26	0.10	0.31
EC3	0.01	0.05	0.04	0

表 4-9　电厂燃煤源排放 $PM_{1.0}$ 中碳组分占比　（单位：%）

碳组分	电厂 A	电厂 B	电厂 C	电厂 D
OC	6.33	8.93	35.44	7.77
EC	0.73	0.61	0.25	0.52
OC1	1.83	0.53	34.29	0.28
OC2	2.11	1.79	0.26	3.18
OC3	1.69	5.91	0.53	3.21
OC4	0.63	0.39	0.37	0.46
EC1	0.49	0.69	0.11	0.83
EC2	0.29	0.23	0.11	0.32
EC3	0.01	0	0.03	0.01

表 4-10　电厂燃煤源排放 $PM_{0.1}$ 中碳组分占比　（单位：%）

碳组分	电厂 A	电厂 B	电厂 C	电厂 D
OC	7.34	3.84	2.05	9.82
EC	0.49	0.40	0.18	0.97
OC1	3.14	0.47	0.28	0.43
OC2	2.10	1.52	0.68	4.34
OC3	1.68	1.51	0.95	4.58
OC4	0.38	0.33	0.14	0.4
EC1	0.30	0.33	0.13	0.79
EC2	0.23	0.09	0.05	0.25
EC3	0	0	0	0.01

（3）无机元素特征

电厂燃煤源排放的 PM_{10}、$PM_{2.5}$、$PM_{1.0}$ 和 $PM_{0.1}$ 中的无机元素占比如表 4-11～表 4-14 所示。可以看出，无机元素中含量较高的为 Ca、K、Na、Fe 和 Si 等组分。PM_{10} 中含量最高的为 Ca 元素，占比为 1.30%～16.39%；其次为 K，含量范围为 0.08%～10.86%；Si 和 Na 占比分别为 0.14%～2.46% 和 0.03%～3.27%。$PM_{2.5}$ 中 Ca、K、Fe、Na、Si 占比较高，含量范围分别为 0.96%～17.60%、0.05%～11.09%、0.16%～3.06%、0.02%～3.34%、0.13%～3.11%。$PM_{1.0}$ 中 Ca、K、Fe、Na、Si 变化范围分别为 0.80%～19.15%、0.03%～11.46%、0.11%～2.22%、0.02%～3.43%、0.07%～1.58%。$PM_{0.1}$ 中含量最高的为 Ca 元素，占比为 10.61%～31.75%；其次为 Fe，含量分别为 0.39%～4.12%。Na 和 Zn 含量也较高，分别为 0.22%～0.61%、0.31%～1.09%；Cu、Ni、Pb、Ti、Mn、Cd 等重金属元素占比较低。

表 4-11　电厂燃煤源排放 PM_{10} 中无机元素占比　（单位：%）

元素	电厂 A	电厂 B	电厂 C	电厂 D
Na	0.42	0.29	0.03	3.27
Mg	0.91	0.24	0.05	0.10
Al	2.35	1.92	0.93	0.17

续表

元素	电厂 A	电厂 B	电厂 C	电厂 D
Si	2.46	0.64	0.69	0.14
S	2.96	2.31	0.09	2.88
K	0.15	0.31	0.08	10.86
Ca	16.39	12.56	1.30	3.14
Ti	0.11	0.02	0.03	0
V	0.01	0	0	0
Cr	0.09	0.19	0.02	0
Mn	0.13	0.03	0	0.05
Fe	2.63	1.28	0.24	3.35
Ni	0.02	0.12	0.01	0
Cu	0.15	0.03	0.03	0.21
Zn	0.67	0.38	0.03	0.35
Cd	0	0	0	0.01
Pb	0	0.03	0	1.06

表 4-12　电厂燃煤源排放 $PM_{2.5}$ 中无机元素占比　（单位：%）

元素	电厂 A	电厂 B	电厂 C	电厂 D
Na	0.46	0.27	0.02	3.34
Mg	1.1	0.23	0.03	0.09
Al	2.95	1.75	0.57	0.16
Si	3.11	0.61	0.36	0.13
S	2.90	2.51	—	2.88
K	0.18	0.30	0.05	11.09
Ca	17.60	12.05	0.96	2.68
Ti	0.15	0.02	0.02	0
V	0.01	0	0	0
Cr	0.09	0.17	0.02	0
Mn	0.08	0.02	0	0.05
Fe	2.57	1.17	0.16	3.06
Ni	0.02	0.11	0.01	0
Cu	0.14	0.03	0.01	0.21
Zn	0.42	0.37	0.03	0.34
Cd	0	0	0	0.01
Pb	0	0.03	0	1.09

表 4-13　电厂燃煤源排放 $PM_{1.0}$ 中无机元素占比　（单位：%）

元素	电厂 A	电厂 B	电厂 C	电厂 D
Na	0.42	0.30	0.02	3.43
Mg	0.95	0.27	0.02	0.06
Al	1.63	2.05	0.24	0.06

续表

元素	电厂 A	电厂 B	电厂 C	电厂 D
Si	1.58	0.71	0.08	0.07
S	2.93	2.76	0.04	2.85
K	0.16	0.36	0.03	11.46
Ca	19.15	14.28	0.80	2.34
Ti	0.10	0.02	0	0
V	0.01	0	0	0
Cr	0.11	0.19	0.02	0
Mn	0.05	0.03	0	0.03
Fe	2.22	1.39	0.11	1.31
Ni	0.01	0.13	0.01	0
Cu	0.06	0.03	0	0.22
Zn	0.45	0.44	0.02	0.33
Cd	0	0	0	0.01
Pb	0	0.04	0.	1.14

表 4-14　电厂燃煤源排放 $PM_{0.1}$ 中无机元素占比　　（单位：%）

元素	电厂 A	电厂 B	电厂 C	电厂 D
Na	0.22	0.28	0.61	0.32
Mg	0.36	0.22	0.55	0.47
Al	0	1.75	4.80	0.30
Si	0.02	0.58	0.31	0.82
S	1.15	0.78	1.25	0.98
K	0.10	0.27	0.82	0.70
Ca	31.75	10.61	27.52	12.78
Ti	0	0.01	0.04	0
V	0	0	0	0
Cr	0	0.17	0.47	0
Mn	0.01	0.02	0.06	0.04
Fe	0.39	1.16	2.96	4.12
Ni	0.03	0.11	0.33	0.03
Cu	0	0.03	0.04	0
Zn	1.09	0.31	0.80	0.31
Cd	0	0	0.01	0
Pb	0	0.03	0.09	0

4.1.2　工业燃煤源

4.1.2.1　源谱特征综述

工业燃煤锅炉用于为工业或市政供暖提供热水或蒸汽。这些锅炉在中国的年煤耗量约为 11 亿 t，占总煤耗量的 25%，平均发电量仅为 2.7MW（中国能源研究所，2013）。

通过对电厂燃煤锅炉和工业燃煤锅炉测定的历史源谱进行比较，发现其差异较大。末端治污技术均采用湿法脱硫方法，由图4-3可知，工业燃煤锅炉和电厂燃煤锅炉之间源谱化学组成存在差异。工业燃煤锅炉源谱中的Mg、Al、Si、Ca、SO_4^{2-}、NH_4^+和OC值要高于电厂燃煤锅炉，这可能是由于电厂燃煤锅炉具有较高的燃烧效率和脱硫效率。

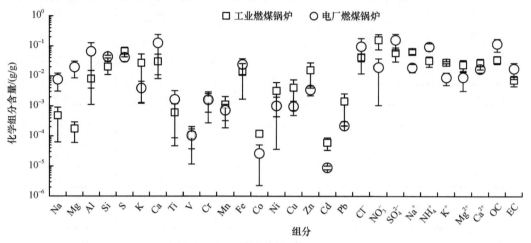

图4-3 湿法脱硫的工业燃煤锅炉和湿法脱硫的电厂燃煤锅炉的源成分谱组分的平均值和标准偏差

数据来源：南开大学大气污染源谱数据库（SPAP）

4.1.2.2 样品采集信息

工业燃煤锅炉是我国工业体系中重要的供能和生产设备。目前我国共有工业锅炉近50万台。选取的7家典型工业企业（天津1家、四川4家、山东2家），涵盖了不同吨位、脱硫脱硝方式和除尘方式等，采样信息见表4-15，工业燃煤锅炉烟气参数见表4-16。利用工业燃煤源在线监控系统、移动观测车等设备同步监测SO_2、NO_x和CO浓度。采集后的膜样品放入膜盒，置于保温箱中冷藏保存，带回实验室进行颗粒物理化组分的分析。

表4-15 工业燃煤源采样具体情况 （单位：t）

地区	采样时间	锅炉吨位	除尘方式	脱硫方式
天津	2017年3月9日	20	水膜	无
四川	2016年5月21日	4	旋风	无
	2016年5月22日	6	陶瓷多管+布袋	无
	2016年6月1日	4	水膜	无
山东	2017年5月7日	75	电袋	石灰石/石膏
	2017年5月16日	35	静电/布袋	石灰石/石膏

表4-16 工业燃煤锅炉烟气参数

企业	流速/(m/s)	烟气温度/(℃)	SO_2/(mg/m³)	标干烟气量/(Nm³/h)	烟气湿度/%	含氧量/%
某热力厂	5~7	40~50	—	39 300	8	15~20
造纸厂A	—	—	—	—	—	—

续表

企业	流速/(m/s)	烟气温度/（℃）	SO_2/（mg/m³）	标干烟气量/（Nm³/h）	烟气湿度/%	含氧量/%
某啤酒厂	—	52.4	—	—	—	—
造纸厂 B	3.6	144	225	249 921	1.3	9.7
造纸厂 C	5	70	12	131 798	—	—
某化学厂	—	50	19	115 000～119 000	—	9.11

4.1.2.3　综合理化特征

（1）水溶性离子特征

工业燃煤源排放的 PM_{10}、$PM_{2.5}$、$PM_{1.0}$、$PM_{0.1}$ 中的水溶性离子占比如表 4-17～表 4-20 所示。在采集的工业燃煤源样品中，PM_{10} 水溶性离子中 Cl^-、NO_3^- 含量较高，分别为 0.02%～8.76%、0.30%～27.62%。SO_4^{2-}、NH_4^+、K^+、Ca^{2+} 占比依次为 0～3.41%、0.14%～6.46%、0.08%～5.02%、0.23%～4.90%。陆炳等（2011）等对郑州燃煤锅炉 PM_{10} 的离子分析后发现，SO_4^{2-} 在烟气中的占比为 3.84%；Chow 等（2004）发现在得克萨斯州燃煤锅炉 PM_{10} 中离子含量最高的是 SO_4^{2-}，占比为 4.30%。

表 4-17　工业燃煤源排放 PM_{10} 中水溶性离子占比　　　　（单位：%）

离子	某热力厂	造纸厂 A	某啤酒厂	造纸厂 B	造纸厂 C	某化学厂
Cl^-	0.32	8.76	1.49	0.30	0.48	0.02
NO_3^-	9.01	6.05	2.27	0.30	12.24	27.62
SO_4^{2-}	0	3.41	0.51	0.20	0	0.11
Na^+	1.56	1.31	0.46	0.09	1.44	0.06
NH_4^+	1.70	1.49	0.52	0.14	6.37	6.46
K^+	0.70	5.02	0.59	0.08	0.66	0.30
Mg^{2+}	0.17	0.52	0.12	0.04	1.78	0.02
Ca^{2+}	0.80	2.73	0.93	0.23	4.90	0.37

表 4-18　工业燃煤源排放 $PM_{2.5}$ 中水溶性离子占比　　　　（单位：%）

离子	某热力厂	造纸厂 A	某啤酒厂	造纸厂 B	造纸厂 C	某化学厂
Cl^-	0.37	8.46	0.88	0.25	0.64	0.01
NO_3^-	9.32	4.14	1.23	0.26	14.00	30.18
SO_4^{2-}	0	1.96	0.38	0.19	0	0.01
Na^+	1.89	1.35	0.35	0.07	1.93	0.07
NH_4^+	1.74	1.56	0.38	0.11	7.19	6.72
K^+	0.83	5.82	0.38	0.07	0.87	0.33
Mg^{2+}	0.17	0.33	0.08	0.03	2.09	0.03
Ca^{2+}	0.62	2.10	0.62	0.20	5.62	0.41

表 4-19 工业燃煤源排放 $PM_{1.0}$ 中水溶性离子占比   （单位：%）

离子	某热力厂	造纸厂 A	某啤酒厂	造纸厂 B	造纸厂 C	某化学厂
Cl^-	0.32	7.51	0.65	0.18	0.60	0.01
NO_3^-	9.01	3.62	0.83	0.22	14.83	32.38
SO_4^{2-}	0	1.57	0.32	0.16	0	0.01
Na^+	1.91	1.20	0.29	0.06	2.35	0.07
NH_4^+	1.63	1.46	0.32	0.10	7.76	6.38
K^+	0.83	6.17	0.28	0.06	1.04	0.37
Mg^{2+}	0.19	0.29	0.07	0.03	2.44	0.03
Ca^{2+}	0.63	1.85	0.48	0.17	6.44	0.48

表 4-20 工业燃煤源排放 $PM_{0.1}$ 中水溶性离子占比   （单位：%）

离子	某热力厂	造纸厂 A	某啤酒厂	造纸厂 B	造纸厂 C	某化学厂
Cl^-	0	2.64	0.29	0.11	1.66	0.23
NO_3^-	14.34	3.82	0.44	0.13	9.83	7.96
SO_4^{2-}	0	1.43	0.20	0.09	0	0
Na^+	1.59	2.71	0.12	0.03	9.83	0.26
NH_4^+	2.27	3.19	0.13	0.05	7.81	6.37
K^+	1.10	2.85	0.09	0.03	3.84	0.75
Mg^{2+}	1.03	0.66	0.04	0.01	5.15	0
Ca^{2+}	3.41	3.23	0.25	0.08	12.28	1.43

$PM_{2.5}$ 水溶性离子中 NH_4^+、Cl^-、NO_3^- 含量较高，分别为 0.11%～7.19%、0.01%～8.46%、0.26%～30.18%；SO_4^{2-} 含量范围为 0～1.96%。Chow 等（2004）发现在得克萨斯州燃煤锅炉 $PM_{2.5}$ 中含量最高的离子是 SO_4^{2-}，为 6.89%；含量最低的离子是 Cl^-，占 0.01%。$PM_{1.0}$ 中 Cl^-、NO_3^- 含量也较高，分别为 0.01%～7.51%、0.22%～32.38%；其次为 NH_4^+，含量范围为 0.10%～7.76%。$PM_{0.1}$ 中 NO_3^- 含量较高，含量范围为 0.13%～14.34%；Cl^- 含量范围为 0～2.64%；某热力厂、造纸厂 A、造纸厂 C、某化学厂中 NH_4^+ 和 Ca^{2+} 含量也较高。可见，虽然学术界普遍认为 NH_4^+ 来自大气化学二次转化，实际上在一次工业燃煤源排放中的 NH_4^+ 也不容忽视。

（2）碳组分特征

如表 4-21～表 4-24 所示，各典型源样品中 OC 在 PM_{10}、$PM_{2.5}$、$PM_{1.0}$、$PM_{0.1}$ 中的含量范围分别为 2.19%～4.70%、2.14%～4.69%、1.70%～4.92%、0.94%～5.74%。EC 在上述 4 个粒径段的占比分别为 0.25%～5.50%、0.29%～5.59%、0.32%～5.48%、0.26%～0.48%。与其他研究比较，陆炳等（2011）对郑州燃煤锅炉 PM_{10} 中组分分析后发现，OC 和 TC 在烟气中的占比分别为 8.56% 和 19.46%。Chow 等（2004）发现在得克萨斯州燃煤锅炉 PM_{10} 中 OC、EC 含量分别为 0.41%、0.65%，$PM_{2.5}$ 中 OC、EC 含量分别为

1.53%、1.39%。

表 4-21　工业燃煤源排放 PM$_{10}$ 中碳组分占比　　　　（单位：%）

碳组分	某热力厂	造纸厂 A	某啤酒厂	造纸厂 B	造纸厂 C	某化学厂
OC	2.19	2.21	4.70	3.58	—	—
EC	0.25	5.50	0.30	0.79	—	—
OC1	0.65	0.26	0.30	1.13	—	—
OC2	0.52	0.58	2.06	1.44	—	—
OC3	0.76	0.54	1.85	0.70	—	—
OC4	0.22	0.80	0.40	0.24	—	—
EC1	0.22	5.29	0.32	0.54	—	—
EC2	0.09	0.21	0.06	0.31	—	—
EC3	0	0.01	0	0.02	—	—

表 4-22　工业燃煤源排放 PM$_{2.5}$ 中碳组分占比　　　　（单位：%）

碳组分	某热力厂	造纸厂 A	某啤酒厂	造纸厂 B	造纸厂 C	某化学厂
OC	3.57	2.14	4.69	3.99	—	—
EC	0.39	5.59	0.29	0.46	—	—
OC1	1.07	0.28	0.28	1.27	—	—
OC2	0.86	0.59	2.12	1.68	—	—
OC3	1.18	0.51	1.87	0.74	—	—
OC4	0.35	0.75	0.38	0.22	—	—
EC1	0.34	5.44	0.27	0.42	—	—
EC2	0.15	0.18	0.06	0.13	—	—
EC3	0	0	0	0	—	—

表 4-23　工业燃煤源排放 PM$_{1.0}$ 中碳组分占比　　　　（单位：%）

碳组分	某热力厂	造纸厂 A	某啤酒厂	造纸厂 B	造纸厂 C	某化学厂
OC	4.08	1.70	4.92	4.33	—	—
EC	0.48	5.48	0.32	0.42	—	—
OC1	1.11	0.25	0.28	1.30	—	—
OC2	0.99	0.54	2.23	1.89	—	—
OC3	1.43	0.45	2.01	0.81	—	—
OC4	0.42	0.42	0.40	0.24	—	—
EC1	0.44	5.33	0.27	0.40	—	—
EC2	0.17	0.18	0.07	0.11	—	—
EC3	0	0.01	0	0	—	—

表 4-24　工业燃煤源排放 PM$_{0.1}$ 中碳组分占比　　　　（单位：%）

碳组分	某热力厂	造纸厂 A	某啤酒厂	造纸厂 B	造纸厂 C	某化学厂
OC	4.39	0.94	5.02	5.74	—	—
EC	0.30	0.44	0.48	0.26	—	—
OC1	1.26	0.25	0.26	1.65	—	—

续表

碳组分	某热力厂	造纸厂 A	某啤酒厂	造纸厂 B	造纸厂 C	某化学厂
OC2	1.08	0.36	2.10	2.61	—	—
OC3	1.65	0.30	2.25	1.26	—	—
OC4	0.30	0.02	0.40	0.20	—	—
EC1	0.29	0.26	0.35	0.19	—	—
EC2	0.10	0.18	0.14	0.09	—	—
EC3	0	0	0	0	—	—

（3）无机元素特征

工业燃煤源排放的 PM_{10}、$PM_{2.5}$、$PM_{1.0}$、$PM_{0.1}$ 中的无机元素占比如表 4-25～表 4-28 所示。在所采集的工业燃煤源排放 PM_{10} 中 Ca、S、Zn、Na、K 元素含量较高，分别为 0～32.84%、0.12%～8.91%、0.05%～6.45%、0.02%～3.84%、0.04%～4.71%，其次为 Al、Fe，含量为 0.17%～4.86%、0.18%～3.22%。$PM_{2.5}$ 中 Ca、Fe、S 含量较高，分别为 0～33.81%、0.18%～3.03%、0.09%～9.79%，Cu、Ni、Pb、Ti、Mn、Cd 等重金属元素含量较低。$PM_{1.0}$ 中 Ca 和 S 较高，含量为 0～34.10%、0.08%～10.23%，Fe、Al、K 含量分别为 0.18%～3.00%、0.07%～4.39%、0.04%～5.62%。$PM_{0.1}$ 中含量最高的为 Ca 元素，占比为 0～53.41%，其次为 Al 和 Fe，含量为 0.04%～7.02%、0.09%～4.37%。

表 4-25　工业燃煤源排放 PM₁₀ 中无机元素占比　　　　（单位：%）

元素	某热力厂	造纸厂 A	某啤酒厂	造纸厂 B	造纸厂 C	某化学厂
Na	3.84	0.71	0.18	0.04	0.07	0.02
Mg	0.23	0.75	0.19	0.05	0.03	0
Al	0.61	4.86	1.21	0.40	0.66	0.17
Si	0.65	1.88	0.21	0.14	1.30	0.31
S	8.91	1.68	0.69	0.12	5.70	8.01
K	0.77	4.71	0.55	0.05	0.08	0.04
Ca	8.36	32.84	6.62	1.89	0.04	0
Ti	0.02	0.05	0.02	0	0.04	0
V	0	0	0	0	0	0
Cr	0.15	0.45	0.14	0.04	0	0
Mn	0.16	0.11	0.04	0.01	0.20	0
Fe	1.25	3.22	2.84	0.27	1.30	0.18
Ni	0.07	0.32	0.10	0.03	0.58	0.09
Cu	0.68	0.08	0.02	0.01	0.97	0.49
Zn	6.45	0.98	0.25	0.05	2.54	0.71
Cd	0	0.01	0	0	0.01	0
Pb	0.02	0.24	0.04	0.01	0.10	0.03

表 4-26　工业燃煤源排放 $PM_{2.5}$ 中无机元素占比　　　　（单位：%）

元素	某热力厂	造纸厂 A	某啤酒厂	造纸厂 B	造纸厂 C	某化学厂
Na	5.74	0.75	0.15	0.03	0.09	0.02
Mg	0.45	0.66	0.13	0.04	0.03	0
Al	0.59	4.71	0.99	0.32	0.67	0.19
Si	1.25	1.22	0.16	0.11	0.82	0.33
S	7.03	1.67	0.37	0.09	7.10	9.79
K	1.51	5.23	0.33	0.04	0.10	0.05
Ca	20.43	33.81	5.27	1.57	0.05	0
Ti	0.04	0.05	0.01	0	0.05	0
V	0	0	0	0	0	0
Cr	0.50	0.43	0.10	0.03	0	0
Mn	0.12	0.08	0.02	0	0.25	0
Fe	2.79	3.03	1.45	0.21	1.37	0.18
Ni	0.05	0.31	0.07	0.02	0.66	0.10
Cu	0.12	0.06	0.01	0.01	0.80	0.15
Zn	1.00	1.02	0.18	0.05	3.15	0.87
Cd	0	0.01	0	0	0.01	0
Pb	0.07	0.27	0.03	0.01	0.10	0.02

表 4-27　工业燃煤源排放 $PM_{1.0}$ 中无机元素占比　　　　（单位：%）

元素	某热力厂	造纸厂 A	某啤酒厂	造纸厂 B	造纸厂 C	某化学厂
Na	5.13	0.77	0.12	0.03	0.07	0
Mg	0.43	0.57	0.10	0.03	0	0.01
Al	0.07	4.39	0.83	0.27	0.28	0.15
Si	0.85	0.61	0.13	0.09	0.33	0.26
S	7.42	1.63	0.24	0.08	7.07	10.23
K	2.15	5.62	0.23	0.04	0.08	0.04
Ca	27.05	34.10	4.39	1.32	0.08	0
Ti	0	0.05	0.01	0	0.02	0
V	0.01	0	0	0	0	0
Cr	0.77	0.40	0.08	0.03	0	0
Mn	0.14	0.06	0.01	0	0.30	0
Fe	3.00	2.73	0.77	0.18	1.23	0.21
Ni	0.07	0.28	0.06	0.02	0.67	0.10
Cu	0.14	0.04	0.01	0.01	0.77	0.10
Zn	1.46	1.03	0.15	0.04	3.38	0.91
Cd	0	0.01	0	0	0.01	0
Pb	0.11	0.30	0.02	0	0.14	0.02

表 4-28　工业燃煤源排放 $PM_{0.1}$ 中无机元素占比　　　　　（单位：%）

元素	某热力厂	造纸厂 A	某啤酒厂	造纸厂 B	造纸厂 C	某化学厂
Na	0.61	1.18	0.06	0.02	0	0
Mg	0.25	0.85	0.05	0.02	0	0
Al	0.06	7.02	0.44	0.18	0.09	0.04
Si	0.51	0.64	0.08	0.06	0	0.41
S	1.86	2.18	0.10	0.05	0	1.69
K	0.25	1.80	0.06	0.03	0.05	0.03
Ca	12.16	53.41	2.24	0.88	0	0
Ti	0	0.06	0	0	0	0
V	0	0	0	0	0	0
Cr	0.89	0.64	0.04	0.02	0	0
Mn	0.14	0.09	0.01	0	0.81	0
Fe	1.09	4.37	0.28	0.11	2.61	0.09
Ni	0.03	0.46	0.03	0.01	0.21	0.12
Cu	0	0.04	0	0	0	0.14
Zn	0.59	1.44	0.07	0.02	0	0.75
Cd	0	0.01	0	0	0.04	0.01
Pb	0	0.07	0.01	0	0.38	0.02

4.1.3　民用散烧燃煤源

民用散烧燃煤是我国北方农村地区大气颗粒物的重要来源，尤其是在采暖季节（Chen et al.，2004，2005；Zhang et al.，2007；Duan et al.，2014；Tao et al.，2018）。2017 年，中国的煤炭消费总量约为 38.5723 亿 t，民用散煤燃烧总量为 9283 万 t（中国国家统计局，2018）。与工业锅炉不同，民用燃煤炉因其热效率低、燃烧不完全和缺乏空气污染物控制装置等，对室内外空气质量都有很大影响。根据有关研究发现，家用燃煤炉灶的空气污染物排放因子比工业锅炉和电厂燃煤的排放因子高出两个数量级（Li et al.，2017）。因此，近年来民用散煤燃烧排放的污染物引起了较大关注。

4.1.3.1　民用散烧源采样技术的发展进程

一般来说，民用散煤可以分为块煤或型煤（无烟煤或烟煤）（Shen，2015），它们在可移动式的砖炉或铁铸炉中燃烧，在中国已经沿用了几世纪（Shen et al.，2010）。已有许多关于民用散煤燃烧排放颗粒物的分析测定，旨在研究其排放的性质（Chen et al.，2005）。但这些研究大多数集中在排放因子而不是排放物的化学成分上。民用散煤燃烧源谱的化学特性由于源采样技术的不同而有很大差异。30 多年前，戴树桂等（1987）报道了天津市（1985 年收集的样品）15 个民用散烧燃煤源颗粒样品的平均元素含量，使用巴柯离心分级仪将飞灰（从民用散煤燃烧炉的灰堆中收集）切割成空气动力学直径小于 12μm 的颗粒。这种采样技术使得化学成分中地壳元素的占比很大。同样，再悬浮采样器也被用来切割粉煤灰的颗粒尺寸。然而，从烟囱中排出的颗粒并不仅仅有飞灰。自稀释通道采样法引进中国以来，民用散煤燃烧源谱的准确性才得到了提高。如图 4-4 所示，使用飞灰测定的源谱中地壳元素比例比使用稀释通道采样法高出 1 个数量级，而 SO_4^{2-}、NO_3^- 和 OC 的比例则低 2～3 个数量级。

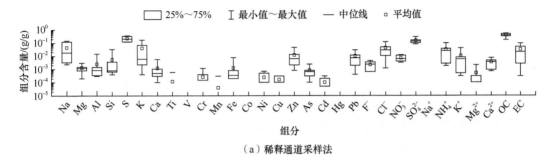

（a）稀释通道采样法

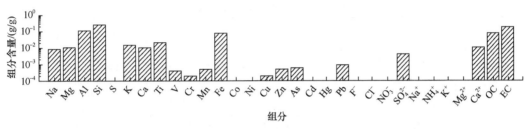

（b）再悬浮采样法

图 4-4　从已发表文章中获得的使用稀释通道采样法得到的民用散煤燃烧 $PM_{2.5}$ 成分谱

数据来源：（a）Ge et al.，2004；Kong et al.，2014；Liu et al.，2016；Liu Y Y et al.，2017；严沁等，2017；Dai et al.，2019；（b）王珍等，2016

4.1.3.2　民用散煤燃烧源谱的影响因素

自 20 世纪 90 年代以来，我国针对民用散煤燃烧的污染排放开展了持续治理，推广改良的炉灶，采用更清洁的燃料，减少了民用散煤燃烧造成的污染物排放（Shen，2015）。据文献记载，由于煤的种类和性质、燃烧炉的类型和燃烧条件的不同，民用散煤燃烧源的排放因子差异很大（Shen et al.，2010）。块煤燃烧排放的 $PM_{2.5}$ 中具有较高比例的 OC、EC、SO_4^{2-}、NO_3^- 和 NH_4^+，以及较低比例的 Na、Ca 和 K（K^+）；而蜂窝煤燃烧的结果则相反。通常，OC 和 S 是民用散煤燃烧排放的主要物质（Ge et al.，2004；Kong et al.，2014；Liu et al.，2016；Liu Y Y et al.，2017；严沁等，2017；Dai et al.，2019）。可见，煤质、煤炉、煤型以及燃烧条件等诸多因素都会影响民用散煤燃烧源的成分谱。

4.1.3.3　民用散煤案例

（1）样品采集信息

A. 采样点信息

根据实地调研与文献报道结果，综合考虑京津冀地区煤炭散烧的燃用煤种、炉具类型等条件，选择有代表性的点位进行现场测试。选取代表性点位原则如下：

1）在京津冀地区农村区域分别选取事业单位供热、户用燃烧等点位类型。

2）选取的采样房屋要具备农村区域的典型房屋结构（楼层、面积）。

3）选择京津冀地区农村区域普遍使用的煤炭种类，采集的煤炭样品用封口袋密封带回实验室分析，划分煤的种类（无烟煤、烟煤和褐煤），从而根据工业分析结果确定具有代表性的实验煤类。

4）选取研究区域的典型炉具类型，考虑炉具尺寸大小与类型。

5）所选房屋需要具备足够的采样空间，农户的锅炉要符合采样要求，具备采样设备放置地点和电力供给等。

根据以上原则，最终选取了北京海淀区（116.18°E，40.04°N）、天津静海区（116.91°E，38.93°N）、河北石家庄（114.60°E，37.83°N）、河北邢台（114.85°E，37.06°N）四地的户用炉具进行样品采集。采样点位的具体信息列于表 4-29。为了保证数据的准确有效性，同时满足后期的分析需求，每组样品均进行平行采集。

表 4-29　民用散煤燃烧源样品采集信息

采样点位	经纬度	采样时间	点位类型	炉具类型	煤炭类型	使用总量/（t/a）
北京海淀区	116.18°E，40.04°N	2017 年 1 月 8 日～11 日	户用燃煤	29kW 水暖炉（NS29-2）	块煤（30～80mm）	4
天津静海区	116.91°E，38.93°N	2016 年 12 月 25 日～28 日	户用燃煤	10kW 水暖炉（NQ-3C）	煤球（50mm）、块煤（30～80mm）	0.6
河北石家庄	114.60°E，37.83°N	2017 年 1 月 17 日	事业单位供暖	常压热水锅炉（CLSGO.12-90/70-AM）	煤球（50mm）	30
河北邢台	114.85°E，37.06°N	2017 年 1 月 12 日～13 日	户用燃煤	自制炉具	蜂窝煤（100mm，16 孔）	0.7

注：一组样品为 14 张滤膜

B. 煤样性质

从大量煤中采取具有代表性的一部分煤，采集的煤炭样品用封口袋密封带回实验室待分析。煤的种类主要有：

1）蜂窝煤：从蜂窝煤成品库或集中存放地随机抽取 10 块，分别封存，8 块进行平行质量指标检验，2 块留存备样。

2）其他型煤及块煤：从已包装好的产品中随机抽取 2 袋/箱及以上样品，按照《商品煤样人工采取方法》（GB/T 475—2008）规定的棋盘法或者条带截取法缩分出 3 份，每份质量不小于 5.0kg，分别封存，2 份进行平行质量指标检验，1 份留存。

采集实验所用的煤样进行工业分析，包括水分（M_{ad}）、灰分（A_{ad}）和挥发分（V_{ad}）的测定，具体参看标准《煤的工业分析方法》（GB/T 212—2008），计算用于表征煤化程度的参数：干燥无灰基挥发分（V_{daf}）、干燥无灰基氢含量（H_{daf}）、恒湿无灰基高位发热量（$Q_{gr,maf}$）、低煤阶煤透光率（P_M），同时进行元素分析与低温灰成分分析。煤质分析计算结果见表 4-30。

表 4-30　煤质工业分析结果

分析	检测项目	符号	检测依据标准	北京 无烟煤 块煤	天津 无烟煤 煤球	石家庄 烟煤 煤球	邢台 烟煤 蜂窝煤
工业分析	水分	M_{ad}/%	GB/T 212—2008	0.50	0.80	0.85	2.50
	灰分	A_{ad}/%	GB/T 212—2008	7.58	23.5	23.72	45.7
	空干基挥发分	V_{ad}/%	GB/T 212—2008	5.56	6.87	10.95	11.66
	干燥无灰基挥发分	V_{daf}/%	GB/T 212—2008	6.05	9.07	14.52	22.52
	固定碳	FC/%	GB/T 212—2008	86.36	68.83	64.48	40.14
	透光率	P_M/%	GB/T 2566—2010	100	99	96	97
	恒湿无灰基高位发热量	$Q_{gr,v}$/（MJ/kg）	GB/T 5751—2009	32.38	30.59	—	25.34
元素分析	干燥无灰基氢	H_{daf}/%	GB/T 30733—2014	2.89	2.01	3.25	3.05
	空干基全硫	St/%	GB/T 214—2007	0.37	0.22	0.34	0.69
	干基有机硫	So/%	GB/T 215—2003	0.30	0.19	—	0.34
	干基硫酸盐硫	Ss/%	GB/T 215—2003	0.01	0.01	—	0.14
	干基硫化铁硫	Sp/%	GB/T 215—2003	0.03	0.05	—	0.30
低温灰成分分析	灰中二氧化硅	SiO_2（A_{sh}）/%	GB/T 1574—2007	27.45	52.13	—	52.47
	灰中三氧化二铝	Al_2O_3（A_{sh}）/%	GB/T 1574—2007	23.30	26.40	—	28.52
	灰中氧化钙	CaO（A_{sh}）/%	GB/T 1574—2007	30.77	6.87	—	3.90
	灰中三氧化二铁	Fe_2O_3（A_{sh}）/%	GB/T 1574—2007	5.25	4.66	—	5.17
	灰中氧化镁	MgO（A_{sh}）/%	GB/T 1574—2007	1.55	1.31	—	0.94
	灰中氧化钠	Na_2O（A_{sh}）/%	GB/T 1574—2007	0.67	1.05	—	0.86
	灰中氧化钾	K_2O（A_{sh}）/%	GB/T 1574—2007	0.15	0.67	—	2.00
	灰中五氧化二磷	P_2O_5（A_{sh}）/%	GB/T 1574—2007	1.24	0.86	—	0.21
	灰中三氧化硫	SO_3（A_{sh}）/%	GB/T 1574—2007	5.94	2.27	—	3.22

　　煤的组成极其复杂，是由无机组分和有机组分构成的混合物。无机组分主要包括黏土矿物（60%～80%）、石英、方解石、石膏、黄铁矿等矿物质和吸附在煤中的水；有机组分主要是由碳、氢、氧、氮、硫等元素构成的复杂高分子有机化合物的混合物。

　　煤的灰分是指煤在一定条件下完全燃烧后得到的残渣，煤的灰分不是煤的固定组成，而是由煤中的矿物质在高温条件下转化而来。

　　煤中含有 4 种形态的硫：黄铁矿硫（FeS_2）、硫酸盐硫（$MeSO_4$）、有机硫（$C_xH_yS_z$）和元素硫。一般把硫划分为硫化铁硫、有机硫和硫酸盐硫三种。前两种能燃烧放出热量，称为挥发硫，燃烧形成 SO_2 等有害气体；硫酸盐硫不参加燃烧，是灰分的一部分。在煤燃烧过程中，黄铁矿（FeS_2）主要变成了赤铁矿（Fe_2O_3）。煤中的硫在气化时主要形成 H_2S、COS（硫化碳）等。

　　我国煤中氯含量较低，在 0.01%～0.2%，平均为 0.02%，绝大部分在 0.05% 以下。若氯含量高的煤用于燃烧，会对锅炉产生严重的腐蚀。

　　根据标准《中国煤炭分类》（GB/T 5751—2009），通过干燥无灰基挥发分划分煤的类型，$V_{daf} \leqslant 10\%$ 的第一组与第二组样品为无烟煤，其他都为烟煤。V_{daf}：邢台＞石家庄＞天津＞北京，固定碳则相反。

C.采集方案

采样实验设计图及原理设计图如图 4-5 和图 4-6 所示。

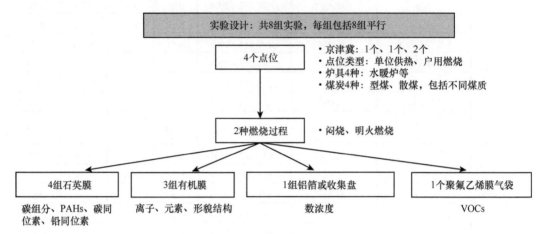

图 4-5 采样实验设图

图 4-6 采样原理设计

采样过程涉及两种供氧燃烧方式：

1）大火燃烧方式为居民白天采暖和做饭过程，打开炉门，使空气与煤块充分接触；

2）封火闷烧方式为居民夜间常用的采暖方式，只将炉门开启 1/4，全程控制进气量，耗煤缓慢。

不同形态煤的采样过程：

1）煤球——将煤炉底放置一定量的木炭并点燃，然后加入煤球引燃，燃烧一段时间后，清理出炉中的木炭灰及未燃尽的木炭，迅速加入 2～3kg 的煤球，开始采样。

2）蜂窝煤——日常生活中蜂窝煤炉多使用 3 块蜂窝煤重叠燃烧的方式；更换蜂窝煤是在最底部的蜂窝煤燃烧完全后，取出最下部的蜂窝煤，再在顶部放入一块新的；经过一定时间的燃烧，等待最下面的蜂窝煤燃烧完全，再一次需要更换的这段时间，是蜂窝煤炉燃烧的一个周期。蜂窝煤实验采用 3 块煤重叠燃烧的方式，先将最底部的一块蜂窝煤引燃，然后再将另两块蜂窝煤放上去，从放上第 3 块开始采样，采样 30min 停止；然后将最下面一块燃尽的蜂窝煤取出，放上新的第 3 块开始采集平行样。

3）散煤——首先将 2～3kg 的煤炭引燃（约需 45min）至正常民用燃煤的起始温度，放入炉内燃烧至无烟红热状态（固体燃料燃烧阶段），烟道无黑烟冒出，炉内煤块全部红热，炉温达到居民燃煤的状况。迅速将新煤块（3kg 左右）轻轻放入煤炉中，所有样品采集均从新煤块放入炉内开始，直至煤块充分燃烧，表现为煤块灼红但没有明显火焰和烟气，此过程大约持续 1.5h，同时密切观察炉内燃烧情况。

民用散煤燃烧源采后样品如图 4-7 所示。

图 4-7　民用散煤燃烧源采后样品

（2）结果与讨论

对民用散煤燃烧排放的气态组分、不同粒径段颗粒物中多化学组分的排放特征以及颗粒物的形貌特征进行系统性分析，主要包括不同因素对组分影响的对比分析、粒径分布分析等，总结归纳气态组分、颗粒物常规组分以及有机物的排放特征规律、粒径分布以及颗粒物形貌特征等信息，识别民用散煤源的标志性组分。

A. 气态污染物

气态污染物排放情况如表 4-31 所示，通过 O_2 含量、烟气温度可知，实验控制"大火燃烧"与"封火闷烧"的进氧量准确，样品采集符合要求。闷烧状态下，不完全燃烧导致气态污染物与颗粒物浓度都升高。

表 4-31 煤炭散烧排放的废气成分

采样点位	燃烧阶段	O_2/%	CO/ppm	CO_2/%	NO/ppm	NO_2/ppm	烟温/℃	SO_2/ppm	颗粒物数量/（个/cm^3）	颗粒物质量/（mg/m^3）	颗粒物质量浓度/（$\mu g/m^3$）
北京	明火	14.12	4 137.79	6.00	28.00	3.46	213.47	78.30	1.95×10^7	3.11	3 586.10
	闷烧	12.77	17 635.03	7.13	29.14	9.46	153.21	84.62	2.17×10^7	4.63	2 483.60
天津	明火	12.69	80 330.96	7.02	29.31	8.76	26.44	16.69	1.71×10^7	5.92	4 221.70
	闷烧	9.08	209 996.96	9.74	33.68	6.35	25.43	18.88	1.61×10^7	0.90	1 828.82
石家庄	明火	—	—	—	—	—	—	—	3.10×10^7	19.72	5 737.48
	闷烧	—	—	—	—	—	—	—	9.69×10^4	651.10	3 555.30
邢台	明火	20.87	650.47	8.89	2.50	2.15	113.33	2.35	9.97×10^6	884.56	22 378.30
	闷烧	17.27	42 587.81	3.00	11.01	2.77	69.80	75.75	1.24×10^6	193.17	4 853.38

注：1ppm=1×10^{-6}

颗粒物浓度邢台＞石家庄＞天津＞北京，这是由于煤炭的挥发分（V_{daf}）越高，颗粒物排放量越大，因为挥发分会影响其燃烧裂解过程。天津燃烧效率最低，温度低，CO 高。

煤的燃烧主要分为两部分：挥发分的燃烧和固定碳的燃烧；在燃烧的过程中，挥发分被加热释放出来，以气体的形式在空气中燃烧，不完全燃烧的部分则形成颗粒物（PM）；固定碳的燃烧则为在固定碳的表面燃烧，完全燃烧形成 CO_2，不完全燃烧则形成 CO。成熟度高的煤主要燃烧形式为大量固定碳和少量挥发分的燃烧，其主要的产物则为 CO_2 或 CO 和少量的 PM。随着成熟度的降低，挥发分的增多，煤的燃烧方式变为大量的挥发燃烧和少量固定碳的燃烧，不完全燃烧也同时加剧，产生了大量的碳质颗粒，从而造成生成的 PM 中的碳含量较高。

B. 无机组分特征

大气颗粒物的来源和形成过程、在大气中的迁移转化、输送和清除过程与其化学性质和粒径分布有着直接关系。本节介绍了在京津冀地区内选择多户锅炉进行散煤燃烧颗粒现场观测的结果。主要分析不同粒径段颗粒物的无机元素、水溶性离子和碳组分特征。分析由荷电低压颗粒物撞击器（ELPI+）采集的颗粒物源样品中无机元素、水溶性离子、碳组分等三类化学组分在 PM_{10}、$PM_{2.5}$、$PM_{1.0}$ 和 $PM_{0.1}$ 4 个粒径段上的占比，以及明火和闷烧两个燃烧阶段化学组分特征。煤炭散烧源排放颗粒物中的化学组分如表 4-32 所示。

表 4-32 民用散煤燃烧源排放颗粒物中的化学组分

平均占比	$w<0.1\%$	$0.1\%<w<1\%$	$1\%<w<10\%$	$10\%<w$
组分	Br^-、Hg、As、Cd、Mn、Ni、Ti、Cr	EC、F^-、NO_2^-、PO_4^{3-}、K^+、Mg^{2+}、Fe、Zn、Cu、Pb、K、Mg、OC4、EC1、EC2、EC3	OC、Na^+、Cl^-、NO_3^-、Ca^{2+}、S、Ca、Na、Si、Al、OC1、OC2、OC3	SO_4^{2-}、NH_4^+

平均化学成分含量水平：离子（39.04%）＞元素（8.00%）＞碳（6.34%），其中主要组分为 OC、SO_4^{2-}、NH_4^+、Na^+、Cl^-、S、Ca、Cr、Na、Si、Al、Fe。

a. 无机元素

民用散煤燃烧源排放的 PM_{10}、$PM_{2.5}$、$PM_{1.0}$ 和 $PM_{0.1}$ 中的无机元素占比如表 4-33～表 4-36 所示。其中，北京海淀区实验中检测出在 PM_{10}、$PM_{2.5}$、$PM_{1.0}$ 和 $PM_{0.1}$ 中元素占

比总和分别为 11.38%、9.80%、9.55%、21.87%；天津静海区实验中检测出在 PM_{10}、$PM_{2.5}$、$PM_{1.0}$ 和 $PM_{0.1}$ 中离子占比总和分别为 18.51%、18.17%、17.30%、19.23%；河北石家庄实验中检测出在 PM_{10}、$PM_{2.5}$、$PM_{1.0}$ 和 $PM_{0.1}$ 中元素占比总和分别为 10.21%、9.45%、9.46%、10.96%；河北邢台实验中检测出在 PM_{10}、$PM_{2.5}$、$PM_{1.0}$ 和 $PM_{0.1}$ 中元素占比总和分别为 20.72%、20.80%、20.79%、21.02%。可见，元素占比在河北邢台点位最高，主要是邢台点位的 S 含量对颗粒物的贡献最为突出。

表 4-33　民用散煤燃烧排放 PM_{10} 中无机元素占比　（单位：%）

元素	北京海淀区	河北石家庄	河北邢台	天津静海区
Al	0.44	1.76	0.14	0.82
As	0.01	0.26	0.04	0.08
Ca	0.44	0.79	0.20	1.83
Cd	0	0.01	0.01	0.01
Co	0	0.01	0	—
Cr	0.01	0.11	0.01	0.06
Cu	0.11	0.02	0.01	0.01
Fe	0.18	0.55	0.16	0.59
Hg	0	0.03	0.01	0
K	0.17	0.05	0.41	0.82
Mg	0.02	0	0	0.09
Mn	0	0.01	0	0
Na	0.24	0.35	0.31	0.77
Ni	0	0.01	0	0.02
Pb	0.81	0	1.76	1.11
S	8.07	1.10	16.23	9.76
Si	0.63	4.93	0.37	1.53
Ti	0.02	0	0	0.01
V	0	0	0	0
Zn	0.23	0.22	1.06	1.00

表 4-34　民用散煤燃烧排放 $PM_{2.5}$ 中无机元素占比　（单位：%）

元素	北京海淀区	河北石家庄	河北邢台	天津静海区
Al	0.18	1.73	0.13	0.61
As	0.01	0.26	0.05	0.07
Ca	0.23	0.64	0.19	1.54
Cd	0	0.01	0.01	0.01
Co	0	0.01	0	—
Cr	0	0.13	0.01	0.03
Cu	0.05	0	0.01	0.01

续表

元素	北京海淀区	河北石家庄	河北邢台	天津静海区
Fe	0.10	0.25	0.15	0.42
Hg	0	0.03	0.01	0
K	0.20	0.05	0.49	0.85
Mg	0	0	0	0.05
Mn	0	0	0	0
Na	0.27	0.31	0.37	0.80
Ni	0	0.01	0	0.01
Pb	0.96	0	2.11	1.19
S	7.23	1.07	15.65	10.30
Si	0.35	4.80	0.37	1.21
Ti	0	0	0	0.01
V	0	0	0	0
Zn	0.22	0.15	1.25	1.06

表 4-35 民用散煤燃烧排放 $PM_{1.0}$ 中无机元素占比 （单位：%）

元素	北京海淀区	河北石家庄	河北邢台	天津静海区
Al	0.11	1.77	0.11	0.42
As	0.01	0.25	0.05	0.06
Ca	0.16	0.51	0.18	1.00
Cd	0	0.01	0.01	0.01
Co	0	0.01	0	—
Cr	0	0.16	0.01	0.02
Cu	0.03	0	0.01	0.01
Fe	0.05	0.13	0.10	0.23
Hg	0	0.03	0.01	0
K	0.20	0.05	0.50	0.86
Mg	0	0	0	0.03
Mn	0	0	0	0
Na	0.28	0.33	0.37	0.82
Ni	0	0.01	0	0.01
Pb	0.98	0	2.17	1.24
S	7.26	1.03	15.66	10.53
Si	0.26	5.01	0.33	0.98
Ti	0	0.01	0	0
V	0	—	0	0
Zn	0.21	0.15	1.28	1.08

表 4-36　民用散煤燃烧排放 $PM_{0.1}$ 中无机元素占比　（单位：%）

元素	北京海淀区	河北石家庄	河北邢台	天津静海区
Al	0.24	2.13	0.22	0.61
As	0.03	0.26	0.05	0.07
Ca	0.44	0.69	0.56	1.26
Cd	0	0.01	0.02	0.01
Co	0	0.01	0	0
Cr	0.02	0.22	0	0.06
Cu	0.04	0	0	0.01
Fe	0.10	0.12	0.08	0.20
Hg	0	0.04	0.01	0
K	0.49	0.04	0.37	0.67
Mg	0.01	0	0.01	0.06
Mn	0	0	0	0
Na	0.64	0.44	0.30	0.50
Ni	0	0	0	0
Pb	1.42	0	2.45	1.38
S	17.58	0.75	14.97	11.76
Si	0.62	6.08	0.58	1.37
Ti	0	0	0	0
V	0	0	0	0
Zn	0.24	0.17	1.40	1.27

整体而言，4 个点位无机元素加和在 PM_{10} 中占比为 10.21%～20.72%，在 $PM_{2.5}$ 中占比 9.45%～20.80%，在 $PM_{1.0}$ 中占比为 9.46%～20.79%，在 $PM_{0.1}$ 中占比为 10.96%～21.87%。从表 4-33～表 4-36 中可以看出，民用散煤燃烧排放的颗粒物中无机元素含量较高的为 Na、S、Al、Si 和 Ca 等组分。PM_{10} 中这些组分质量浓度占比变化范围分别为 0.24%～0.77%、1.10%～16.23%、0.14%～1.76%、0.37%～4.93%、0.20%～1.83%；$PM_{2.5}$ 中 Na、S、Al、Si 和 Ca 组分的变化范围是 0.27%～0.80%、1.07%～15.65%、0.13%～1.73%、0.35%～4.80%、0.19%～1.54%；$PM_{1.0}$ 中 Na、S、Al、Si 和 Ca 组分的变化范围是 0.28%～0.82%、1.03%～15.66%、0.11%～1.77%、0.26%～5.01%、0.16%～1.00%；$PM_{0.1}$ 中 Na、S、Al、Si 和 Ca 组分的变化范围是 0.30%～0.64%、0.75%～17.58%、0.22%～2.13%、0.58%～6.08%、0.44%～1.26%。

b. 水溶性离子

民用散煤燃烧源排放的 PM_{10}、$PM_{2.5}$、$PM_{1.0}$ 和 $PM_{0.1}$ 中的水溶性离子占比如表 4-37～表 4-40 所示。不同实验组样品检测出不同水平的组分含量。其中，北京海淀区实验中检测出在 PM_{10}、$PM_{2.5}$、$PM_{1.0}$ 和 $PM_{0.1}$ 中离子占比总和在 58.91%～68.63%，河北石家庄实验中检测出在 PM_{10}、$PM_{2.5}$、$PM_{1.0}$ 和 $PM_{0.1}$ 中离子占比总和在 47.66%～73.51%，河北邢台

实验中检测出在 PM_{10}、$PM_{2.5}$、$PM_{1.0}$ 和 $PM_{0.1}$ 中离子占比总和在 72.72%～76.45%，天津静海区实验中检测出在 PM_{10}、$PM_{2.5}$、$PM_{1.0}$ 和 $PM_{0.1}$ 中离子占比总和在 61.14%～67.47%。

表 4-37 民用散煤燃烧排放 PM_{10} 中离子占比 （单位：%）

离子	北京海淀区	河北石家庄	河北邢台	天津静海区
F^-	0.07	0.39	0.33	0.05
Cl^-	0.86	2.09	19.61	5.41
NO_2^-	0.18	1.25	0.33	0.12
Br^-	0.04	0.15	0.20	0.05
NO_3^-	0.28	1.07	0.44	0.75
PO_4^{3-}	1.70	0.94	0.15	0.12
SO_4^{2-}	36.47	22.00	30.60	35.38
Na^+	1.57	4.00	1.60	1.06
NH_4^+	16.32	13.08	19.52	16.97
K^+	0.71	0.43	1.04	0.41
Mg^{2+}	0.02	0.25	0.13	0.11
Ca^{2+}	0.69	2.01	0.84	0.71

表 4-38 民用散煤燃烧排放 $PM_{2.5}$ 中离子占比 （单位：%）

离子	北京海淀区	河北石家庄	河北邢台	天津静海区
F^-	0.05	0.32	0.30	0.04
Cl^-	0.90	1.99	20.07	5.53
NO_2^-	0.15	1.36	0.29	0.11
Br^-	0.03	0.14	0.20	0.03
NO_3^-	0.26	1.19	0.40	0.72
PO_4^{3-}	1.80	0.90	0.10	0.08
SO_4^{2-}	40.00	27.75	31.27	37.66
Na^+	1.58	4.07	1.45	1.01
NH_4^+	17.80	15.66	19.87	17.87
K^+	0.78	0.48	1.04	0.44
Mg^{2+}	0.02	0.17	0.11	0.11
Ca^{2+}	0.63	2.17	0.80	0.66

表 4-39 民用散煤燃烧排放 $PM_{1.0}$ 中离子占比 （单位：%）

离子	北京海淀区	河北石家庄	河北邢台	天津静海区
F^-	0.03	0.17	0.26	0.03
Cl^-	0.96	1.71	20.45	5.68
NO_2^-	0.12	1.47	0.26	0.10
Br^-	0.03	0.14	0.20	0.03
NO_3^-	0.21	1.22	0.35	0.67
PO_4^{3-}	1.88	0.88	0.09	0.07

续表

离子	北京海淀区	河北石家庄	河北邢台	天津静海区
SO_4^{2-}	43.16	33.57	31.61	39.93
Na^+	1.54	3.85	1.22	0.91
NH_4^+	19.21	17.99	20.12	18.82
K^+	0.85	0.48	1.07	0.47
Mg^{2+}	0.02	0.15	0.09	0.11
Ca^{2+}	0.62	2.29	0.73	0.65

表 4-40　民用散煤燃烧排放 $PM_{0.1}$ 中离子占比　（单位：%）

离子	北京海淀区	河北石家庄	河北邢台	天津静海区
F^-	0.02	0.16	0.26	0.03
Cl^-	1.00	2.21	15.94	3.69
NO_2^-	0.15	1.67	0.24	0.20
Br^-	0.03	0.11	0.24	0.03
NO_3^-	0.22	1.58	0.58	0.66
PO_4^{3-}	2.13	0.83	0.23	0.10
SO_4^{2-}	41.62	31.17	29.83	38.55
Na^+	1.54	4.53	1.56	1.18
NH_4^+	18.58	27.37	22.16	19.33
K^+	0.87	0.87	0.92	0.34
Mg^{2+}	0.02	0.15	0.08	0.26
Ca^{2+}	0.84	2.86	0.68	1.20

从表 4-37～表 4-40 中可以看出，水溶性离子中含量较高的为 SO_4^{2-}、NH_4^+、Cl^- 等组分：PM_{10} 中这些组分质量浓度占比变化范围分别为 22.00%～36.47%、13.08%～19.52%、0.86%～19.61%；$PM_{2.5}$ 中这几种水溶性离子组分的变化范围是 27.75%～40.00%、15.66%～19.87%、0.90%～20.07%；$PM_{1.0}$ 中几种水溶性离子的变化范围是 31.61%～43.16%、17.99%～20.12%、0.96%～20.45%；$PM_{0.1}$ 中几种水溶性离子的变化范围是 29.83%～41.62%、18.58%～27.37%、1.00%～15.94%。其余 F^-、NO_2^-、Br^-、NO_3^-、PO_4^{3-}、Na^+、K^+、Mg^{2+}、Ca^{2+} 等离子占比都低于 4.00%。

分析发现，在民用散煤燃烧排放的颗粒物水溶性离子中 SO_4^{2-} 的占比最高，其次为 NH_4^+。水溶性离子在 PM_{10}、$PM_{2.5}$、$PM_{1.0}$ 和 $PM_{0.1}$ 上的占比没有显著差异。其中，SO_4^{2-}、NH_4^+、Cl^- 占比都随着粒径的减小而增大，说明水溶性离子中 SO_4^{2-}、NH_4^+、Cl^- 在小粒径段的组分丰度要高于大粒径段。

文献研究（Li et al.，2016）表明，散煤燃烧颗粒物排放主要集中在 $PM_{1.0}$ 以下，而且有机组分、SO_4^{2-}、NH_4^+、Cl^- 在不同燃烧阶段各自会成为亚微米颗粒物的主要组成成分。其中，有机组分是大粒径颗粒物的主要组成，离子组分是小粒径段颗粒物的主要组成，以上研究结论与本节结果一致。

c. 碳组分

煤炭的燃烧是复杂的物理化学过程，首先经过一次裂解反应，生成煤焦油、可燃气等挥发产物，煤焦油主要属于 OC；一次裂解反应生成的煤焦油再经过更高温度的裂解反应，则会形成具有石墨化结构的深度裂解产物，这一过程称为二次裂解。二次裂解产物为烟炱（soot）等黑色强吸光含碳化合物，主要属于 EC。

如表 4-41～表 4-44 所示，不同实验组样品检测出不同水平的组分含量，其中北京海淀区实验中检测出在 PM_{10}、$PM_{2.5}$、$PM_{1.0}$ 和 $PM_{0.1}$ 中碳组分占比总和在 2.57%～5.35%，河北石家庄实验中检测出在 PM_{10}、$PM_{2.5}$、$PM_{1.0}$ 和 $PM_{0.1}$ 中碳组分占比总和在 11.52%～16.38%，河北邢台实验中检测出在 PM_{10}、$PM_{2.5}$、$PM_{1.0}$ 和 $PM_{0.1}$ 中碳组分占比总和在 2.91%～5.94%，天津静海区实验中检测出在 PM_{10}、$PM_{2.5}$、$PM_{1.0}$ 和 $PM_{0.1}$ 中碳组分占比总和在 9.83%～10.48%。

其中，OC 在 PM_{10}、$PM_{2.5}$、$PM_{1.0}$ 和 $PM_{0.1}$ 中的占比均值为 6.55%、6.30%、6.19%、8.48%。EC 在上述 4 个粒径段的占比分别为 0.78%、0.64%、0.59%、1.06%。OC 和 EC 占比先随着颗粒物粒径减小而减少，而在 $PM_{0.1}$ 粒径段占比增加较明显。

表 4-41　民用散煤燃烧排放 PM_{10} 中碳组分占比　　（单位：%）

碳组分	北京海淀区	河北石家庄	河北邢台	天津静海区
OC	2.86	11.34	2.76	9.25
EC	0.39	1.07	0.58	1.07
OC1	0.89	5.03	0.83	3.78
OC2	0.97	3.06	0.75	2.09
OC3	0.69	1.37	0.49	1.55
OC4	0.26	1.51	0.63	1.34
EC1	0.28	0.95	0.40	1.31
EC2	0.16	0.36	0.05	0.26
EC3	0	0.13	0.19	0.02

表 4-42　民用散煤燃烧排放 $PM_{2.5}$ 中碳组分占比　　（单位：%）

碳组分	北京海淀区	河北石家庄	河北邢台	天津静海区
OC	2.50	10.64	2.86	9.21
EC	0.39	0.88	0.27	1.02
OC1	0.81	4.99	0.88	3.82
OC2	0.84	2.91	0.77	2.07
OC3	0.59	1.10	0.47	1.48
OC4	0.21	1.37	0.67	1.35
EC1	0.29	0.78	0.30	1.30
EC2	0.16	0.27	0.04	0.22
EC3	0	0.09	0	0.02

表 4-43　民用散煤燃烧排放 $PM_{1.0}$ 中碳组分占比　　（单位：%）

碳组分	北京海淀区	河北石家庄	河北邢台	天津静海区
OC	2.23	10.96	2.67	8.89

续表

碳组分	北京海淀区	河北石家庄	河北邢台	天津静海区
EC	0.34	0.84	0.24	0.94
OC1	0.66	5.25	0.84	3.77
OC2	0.78	2.99	0.71	1.98
OC3	0.54	1.05	0.41	1.36
OC4	0.20	1.42	0.65	1.32
EC1	0.26	0.77	0.28	1.25
EC2	0.13	0.24	0.03	0.17
EC3	0	0.09	0	0.02

表 4-44　民用散煤燃烧排放 $PM_{0.1}$ 中碳组分占比　（单位：%）

碳组分	北京海淀区	河北石家庄	河北邢台	天津静海区
OC	4.68	14.53	5.44	9.25
EC	0.67	1.85	0.50	1.23
OC1	1.41	5.47	1.70	3.00
OC2	1.44	4.26	1.46	2.32
OC3	1.22	2.69	1.10	2.20
OC4	0.38	1.65	0.98	1.52
EC1	0.65	1.18	0.63	1.22
EC2	0.23	0.70	0.06	0.41
EC3	0	0.43	0	0.05

对于烟煤，温度在 600℃附近，一次裂解反应最强烈，煤焦油产生量最大，而二次裂解反应需要到 800℃附近才开始进行（陈颖军，2004）。本节中烟气温度在 25~213℃，OC 和 EC 占比偏低，可能是由于一次裂解不强烈，二次裂解几乎不发生，而且本节中使用的北京块煤、天津煤球为无烟煤，而石家庄煤球、邢台蜂窝煤为烟煤，导致排放存在差异。此外蜂窝煤在制作过程中添加了其他的有机、无机的黏合剂，以及固硫剂等物质，改变了煤固有的结构和性质，也改变了煤燃烧过程中二次裂解反应所需的温度和时间，使其二次裂解反应没有散煤进行程度深，二次裂解产物少，EC 排放少。

d. 民用散煤燃烧源谱

排放源的成分谱主要是指排放源中各种化学组分的含量，本节全面考虑影响大气颗粒物成分的重要因素，涵盖多区域、多煤类（煤质、形状）、多炉型等因素，通过实测的办法获得了京津冀地区煤炭散烧源类排放的气态污染物（SO_2、NO_x、CO 等）和多粒径段颗粒物的丰富组分特征，构建融合常规化学组分（离子、元素和碳）、同位素、有机示踪组分、粒径、气态污染物等综合信息的散烧煤炭污染源谱库。初步构建的综合源谱如图 4-8 所示。

$PM_{0.1}$、$PM_{1.0}$、$PM_{2.5}$、PM_{10} 4 个粒径段民用散煤燃烧源谱较为相似：OC、EC、SO_4^{2-}、NH_4^+、Na^+、Cl^-、S、Si、Al 为主要组分。总体上民用散煤燃烧排放颗粒物浓度：邢台>石家庄>天津>北京，这是由于煤炭的挥发分（V_{daf}）越高，燃烧裂解过程越剧烈，颗粒物排放量越大。天津点位燃烧效率最低，温度低，CO 高。

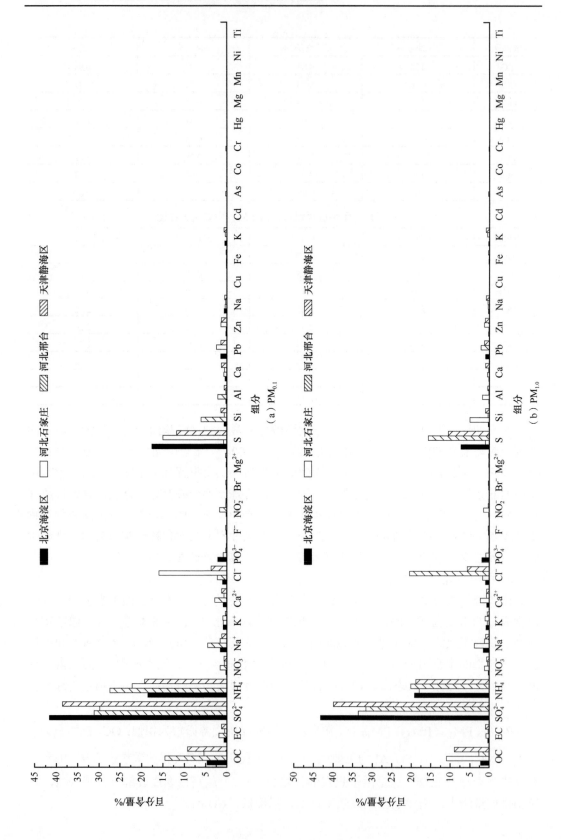

（a）PM$_{0.1}$

（b）PM$_{1.0}$

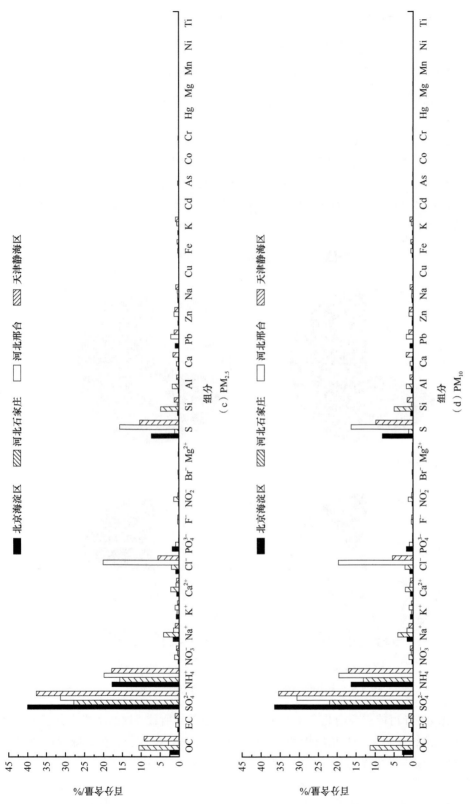

图 4-8　4 个粒径段民用散煤散烧排放颗粒物综合源谱

散煤燃烧排放的颗粒物中化学成分含量依次为水溶性离子（47.66%~76.45%）＞无机元素（9.45%~21.02%）＞碳组分（2.57%~16.38%）。水溶性离子中 SO_4^{2-} 的占比最高，其次是 NH_4^+、Cl^-；无机元素以 Na、S、Al、Si 和 Ca 等组分为主。$PM_{0.1}$、$PM_{1.0}$、$PM_{2.5}$、PM_{10} 4 个粒径段煤炭散烧源谱中 OC、EC、SO_4^{2-}、NH_4^+、Na^+、Cl^-、S、Si、Al 为主要组分。

C. VOCs

煤炭散烧排放的烟气 VOCs 化学成分组成如图 4-9 所示。在 38 种检测成分中，在北京采样点位，明火和闷烧两种燃烧情况下烟气 VOCs 中占比最高的组分都为烷烃，都在 65% 以上。天津采样点位，明火燃烧情况下，烟气 VOCs 中芳香烃占比最高，为 59.96%；闷烧状态下，烯烃占比最高，为 47.95%。可见，北京和天津采样点排放烟气的 VOCs 组成差异较大。

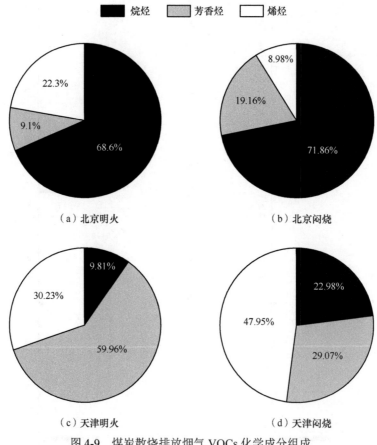

图 4-9　煤炭散烧排放烟气 VOCs 化学成分组成

VOCs 组成差异可能主要由北京和天津的煤质组成差异所致。煤的组成十分复杂，由表 4-30 煤质检测结果可知，北京块煤和天津煤球的碳组成、挥发分、灰分都存在明显差别，其中北京块煤为特低灰分煤（A_{ad}%：7.58%），天津煤球为中灰分煤（A_{ad}%：23.5%）。北京的样品固定碳含量较高，为 86.36%，而天津煤样含碳量低于 70%，由元素分析和低温灰成分分析结果可知，两种煤样的成分组成也明显不同，散煤燃烧源排放的 VOCs 和煤质组成密切相关。

如图 4-10 所示，在北京采样点位，明火条件下，丙烯、异丁烷、丁烷、十一烷、十二烷是烟气中排放组分占比较高的 5 种组分；闷烧条件下，异丁烷、丁烷、甲苯、十一烷、十二烷是烟气中排放组分占比较高的 5 种组分。在天津采样点位，明火条件下，烟气中主要 VOCs 成分为丙烯、1-丁烯、丁烷、苯、甲苯；闷烧条件下，烟气中主要 VOCs 成分为 1-丁烯、丁烷、反-2-丁烯、顺-2-丁烯、苯。

D. 颗粒物的形貌特征

应用扫描电镜扫描燃煤散烧排放的颗粒物样品，获取的煤炭散烧颗粒物微观形貌如图 4-11 所示。结果表明，颗粒物形态各异，大多数为不规则集合形态。本节根据扫描电镜图像特征，将煤炭散烧排放的颗粒物分为以下几类：球状、块状、板状、柱状、不规

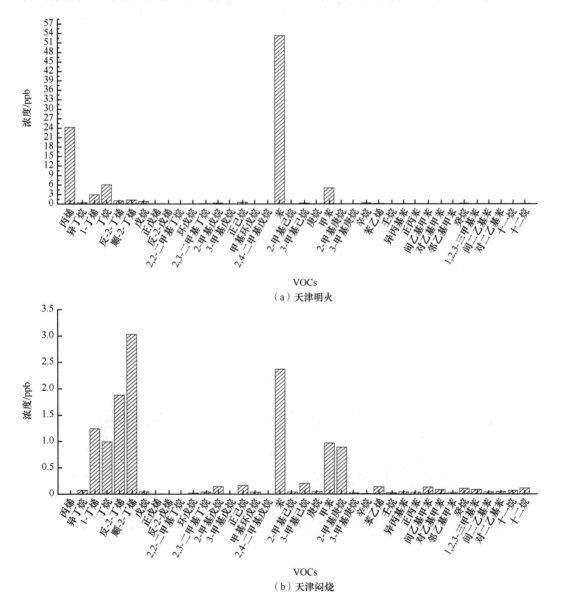

（a）天津明火

（b）天津闷烧

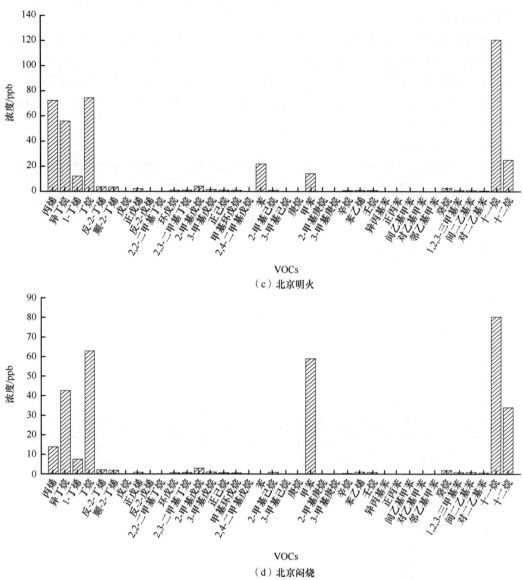

（c）北京明火

（d）北京闷烧

图 4-10 煤炭散烧排放烟气 VOCs 成分

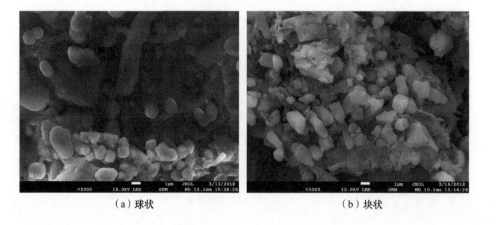

（a）球状

（b）块状

（c）板状

（d）柱状

（e）不规则集合状

图 4-11　煤炭散烧颗粒物 FESEM 形貌

参数说明：从上到下，从左到右依次为 1μm 比例尺；测试日期；×5000 或×10 000 放大倍数；工作电压；WD 工作距离，
指样品成像表面到物镜的距离，等于清晰成像时物镜焦距；测试时间

则集合状。

第一种形态是不规则圆球状的颗粒，如椭球状，且表明光滑。球状颗粒主要是由煤中分散的矿物经熔融形成的细小灰球聚集而形成。一般将球形颗粒作为燃煤源排放颗粒物的典型形貌（Pant and Harrison，2012）。但是在本节中，散煤排放球状颗粒占比相对较少，与电厂燃烧排放的颗粒物形态存在区别，可能是由于民用锅炉燃烧不充分，达不到矿物熔融温度要求造成的。

燃煤散烧排放颗粒物的形貌基本都是块状、板状、柱状等不规则形状，不规则颗粒的粒径大小不一致，主要来自未熔融或部分熔融的矿物，而且不规则颗粒的形态复杂，有的是方块状，或是表面有裂隙的板状，或是互相重叠的柱状，大多数颗粒物表现为相互聚集、表面粗糙、明暗不均。这些不规则的集合体上附着很多细小颗粒，表明细颗粒在粗颗粒上聚结是粗颗粒物生长的途径之一（Pant and Harrison，2012）。

4.2　工艺过程源

4.2.1　简介

工艺排放是中国最重要的颗粒物来源之一（Zhu et al.，2018）。工艺过程排放的颗粒物主要通过稀释通道采样法进行采集。工艺排放源可能受到几个关键因素的影响，如不同工艺过程中使用的原材料、制造工艺、采样方法和采样点位的差异性，以及不同工厂采取的控制措施和不同的操作条件（Watson and Chow，2001；Kong et al.，2011；Pant and Harrison，2012；Guo et al.，2017）。不同行业的源谱之间存在较大差异，不同类型的工业也有着不同的污染物排放特征。本节主要讲述水泥厂、焦化厂和钢铁厂的源谱特征。其他一些重要工业源的源谱，如玻璃熔窑、有色金属冶炼和陶瓷烧制少有涉及，暂不做介绍。

图 4-12 显示了中国典型工艺排放源（水泥厂、焦化厂和钢铁厂）的化学成分（马召辉等，2015；齐堃等，2015；赵丽等，2015；闫东杰等，2016）。对于钢铁工业源，含量较高的组分是 Fe、Si、K 和 SO_4^{2-}，而 Cl^-、Ca^{2+}、EC 和 OC 的平均含量低于 0.10g/g。对于水泥工业源，Ca、Al、OC 和 SO_4^{2-} 是含量较高的成分，平均值超过 0.10g/g。对于焦化工业源，Ca^{2+}、Al、SO_4^{2-} 和 OC 含量较高。

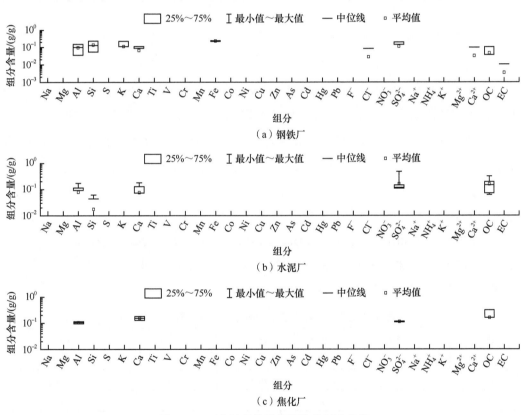

图 4-12　工艺过程排放的颗粒物源成分谱

数据来源：南开大学大气污染源数据库；Chen P L et al.，2017

4.2.2　典型工艺过程源谱的构建

4.2.2.1　样品采集信息

工艺过程源点位情况如表 4-45 和表 4-46 所示。

表 4-45 工艺过程源采集涉及的工业企业情况

地区	采样时间	工序	除尘方式	脱硫方式
天津	2017 年 3 月 16 日	烧结	水膜	—
四川成都	2016 年 5 月 27 日	—	静电	—
四川彭州	2016 年 5 月 22 日	水泥窑	布袋	炉内喷氨
山东潍坊	2017 年 5 月 19 日	烧结	静电	氨法脱硫

表 4-46 烟气参数

企业	流速/（m/s）	烟气温度/℃	SO_2/（mg/m³）	标干烟气量/（Nm³/h）	含氧量/%
钢铁厂 A	9.1	50	—	7 330	15
某玻璃厂	—	—	—	—	—
某水泥厂	12	166	8	280 800	5.5
钢铁厂 B	—	60	59	109 000	15

4.2.2.2 化学组分分析

（1）水溶性离子

工艺过程源排放的 PM_{10}、$PM_{2.5}$、$PM_{1.0}$、$PM_{0.1}$ 中的水溶性离子占比如表 4-47～表 4-50 所示。各粒径段水溶性离子含量差异较小，PM_{10} 中水溶性离子中 NO_3^- 含量最高，为 2.65%～22.70%，NH_4^+ 和 Cl^- 的含量分别为 1.53%～6.08%、1.67%～5.92%。钢铁厂 A 和某水泥厂 Ca^{2+} 含量较高，分别为 3.85%、4.50%。$PM_{2.5}$ 中 NO_3^-、NH_4^+ 和 Cl^- 的含量较高，分别为 2.03%～44.50%、1.53%～6.12%、1.31%～6.59%；K^+ 和 Na^+ 含量分别为 1.07%～2.65%、0.31%～11.20%；Ca^{2+} 含量为 0.29%～3.79%。$PM_{1.0}$ 中 NO_3^-、NH_4^+ 和 Cl^- 的含量分别为 2.25%～35.50%、1.52%～6.50%、1.43%～7.30%；K^+ 和 Na^+ 含量分别为 1.02%～2.26%、0.29%～7.48%；Ca^{2+} 含量为 0.32%～2.38%。$PM_{0.1}$ 中也表现为 NO_3^-、NH_4^+ 和 Cl^- 的含量较高，Mg^{2+} 含量较低，为 0.02%～0.41%。

表 4-47 工艺过程源排放 PM_{10} 中水溶性离子占比 （单位：%）

离子	钢铁厂 A	某玻璃厂	某水泥厂	钢铁厂 B
Cl^-	3.83	2.93	1.67	5.92
NO_3^-	9.10	22.70	2.65	6.04
SO_4^{2-}	2.15	0.69	0.98	0.02
Na^+	1.90	11.90	1.13	0.27
NH_4^+	1.53	6.08	1.91	5.85
K^+	1.06	1.57	1.09	2.35
Mg^{2+}	2.52	0.11	0.24	0.01
Ca^{2+}	3.85	0.81	4.50	0.27

表 4-48　工艺过程源排放 $PM_{2.5}$ 中水溶性离子占比　（单位：%）

离子	钢铁厂 A	某玻璃厂	某水泥厂	钢铁厂 B
Cl^-	4.05	2.84	1.31	6.59
NO_3^-	9.41	44.50	2.03	6.43
SO_4^{2-}	2.08	0.69	0.84	0.03
Na^+	1.97	11.20	1.05	0.31
NH_4^+	1.53	5.78	1.83	6.12
K^+	1.08	1.43	1.07	2.65
Mg^{2+}	2.72	0.10	0.21	0.01
Ca^{2+}	3.79	0.71	2.53	0.29

表 4-49　工艺过程源排放 $PM_{1.0}$ 中水溶性离子占比　（单位：%）

离子	钢铁厂 A	某玻璃厂	某水泥厂	钢铁厂 B
Cl^-	3.57	3.01	1.43	7.30
NO_3^-	6.36	35.50	2.25	6.20
SO_4^{2-}	1.83	0.90	0.97	0.03
Na^+	1.74	7.48	1.23	0.29
NH_4^+	1.52	4.88	2.25	6.50
K^+	1.02	1.25	1.30	2.26
Mg^{2+}	1.71	0.12	0.25	0.01
Ca^{2+}	2.38	0.95	2.29	0.32

表 4-50　工艺过程源排放 $PM_{0.1}$ 中水溶性离子占比　（单位：%）

离子	钢铁厂 A	某玻璃厂	某水泥厂	钢铁厂 B
Cl^-	3.30	8.27	2.63	3.69
NO_3^-	4.18	5.13	3.79	9.56
SO_4^{2-}	1.81	2.23	1.45	0.15
Na^+	1.61	0.98	1.42	0.35
NH_4^+	1.87	1.36	4.84	6.43
K^+	1.29	0.70	1.89	2.00
Mg^{2+}	0.26	0.20	0.41	0.02
Ca^{2+}	2.68	1.81	3.97	0.41

（2）碳组分

如表 4-51 所示，各典型工艺过程源排放颗粒物中 OC 的占比变化范围是 0.79%～5.43%，EC 变化范围是 0.02%～0.32%，各工艺差异较小。其中，OC 在 PM_{10}、$PM_{2.5}$、$PM_{1.0}$、$PM_{0.1}$ 中的含量分别为 0.90%～3.66%、0.79%～3.92%、0.94%～4.15%、1.39%～5.43%。EC 在上述 4 个粒径段的占比分别为 0.05%～0.31%、0.04%～0.25%、0.04%～0.29%、0.02%～0.32%。

表 4-51　工艺过程源排放各粒径颗粒物中碳组分占比　（单位：%）

企业	碳组分	OC	EC	OC1	OC2	OC3	OC4	EC1	EC2	EC3
钢铁厂 A	PM_{10}	3.66	0.31	1.51	0.92	0.64	0.53	0.24	0.07	0.05
	$PM_{2.5}$	3.79	0.25	1.58	0.95	0.63	0.57	0.24	0.05	0.01
	$PM_{1.0}$	4.14	0.29	1.78	1.05	0.65	0.59	0.28	0.06	0.02
	$PM_{0.1}$	3.02	0.32	1.13	0.68	0.95	0.20	0.18	0.10	0.09
某玻璃厂	PM_{10}	0.90	0.05	0.08	0.26	0.31	0.12	0.13	0.06	0
	$PM_{2.5}$	0.79	0.04	0.07	0.21	0.27	0.11	0.12	0.06	0
	$PM_{1.0}$	0.94	0.04	0.08	0.24	0.33	0.13	0.13	0.07	0
	$PM_{0.1}$	1.39	0.02	0.07	0.17	0.57	0.25	0.23	0.13	0
某水泥厂	PM_{10}	3.56	0.21	0.24	1.04	1.94	0.29	0.21	0.03	0
	$PM_{2.5}$	3.92	0.20	0.24	1.19	2.17	0.29	0.20	0.03	0
	$PM_{1.0}$	4.15	0.21	0.24	1.31	2.28	0.28	0.21	0.03	0
	$PM_{0.1}$	5.43	0.32	0.26	1.59	3.18	0.40	0.28	0.04	0
钢铁厂 B	PM_{10}	—	—	—	—	—	—	—	—	—
	$PM_{2.5}$	—	—	—	—	—	—	—	—	—
	$PM_{1.0}$	—	—	—	—	—	—	—	—	—
	$PM_{0.1}$	—	—	—	—	—	—	—	—	—

（3）元素

工艺过程源排放 PM_{10}、$PM_{2.5}$、$PM_{1.0}$、$PM_{0.1}$ 中的无机元素占比如表 4-52～表 4-55 所示。PM_{10} 中 Ca、Fe 元素含量较高，分别为 1.06%～36.04%、1.08%～3.15%；其次为 S、K、Al，含量分别为 0.99%～16.55%、0.50%～3.87%、0.01%～4.47%。$PM_{2.5}$ 中 Ca、Fe、S 含量较高，分别为 1.18%～32.68%、0.94%～2.68%、0.78%～16.62%；Cu、Ni、Ti、Mn、Cd 等重金属元素含量较低。$PM_{1.0}$ 中 Ca、Fe、Al、K 含量分别为 1.35%～32.01%、1.10%～2.65%、0.01%～4.29%、0.47%～5.94%。$PM_{0.1}$ 中含量最高的为 Ca 元素，占比为 23.50%～42.76%；其次为 Al 和 Fe，含量分别为 3.95%～5.64%、0.88%～3.31%。

表 4-52　工艺过程源排放 PM_{10} 中无机元素占比　（单位：%）

元素	钢铁厂 A	某玻璃厂	某水泥厂	钢铁厂 B
Na	0.93	5.11	0.38	0.53
Mg	3.03	0.21	0.41	0.12
Al	4.47	1.64	3.63	0.01
Si	0.80	0.48	0.50	0.90
S	4.92	16.55	0.99	7.12
K	0.74	1.27	0.50	3.87
Ca	36.04	8.87	17.75	1.06
Ti	0.04	0.01	0.03	0.01
V	0.01	0	0	0
Cr	0.40	0.20	0.33	0

元素	钢铁厂 A	某玻璃厂	某水泥厂	钢铁厂 B
Mn	0.06	0.02	0.06	0.01
Fe	2.86	1.08	3.15	1.19
Ni	0.28	0.11	0.22	0.14
Cu	0.04	0.03	0.03	1.02
Zn	0.93	0.27	0.39	0.98
Cd	0	0	0	0
Pb	0.07	0.04	0.05	6.71

表 4-53 工艺过程源排放 $PM_{2.5}$ 中无机元素占比 （单位：%）

元素	钢铁厂 A	某玻璃厂	某水泥厂	钢铁厂 B
Na	0.87	5.05	0.34	0.75
Mg	3.31	0.19	0.34	0.15
Al	4.21	1.44	3.20	0.01
Si	0.77	0.39	0.33	0.88
S	5.28	16.62	0.78	9.17
K	0.66	1.24	0.43	5.37
Ca	32.68	7.70	14.65	1.18
Ti	0.04	0.01	0.03	0.01
V	0.01	0	0	0
Cr	0.37	0.18	0.28	0
Mn	0.06	0.02	0.04	0.02
Fe	2.68	0.94	2.31	1.41
Ni	0.26	0.09	0.19	0.17
Cu	0.04	0.02	0.02	0.98
Zn	0.82	0.23	0.34	1.18
Cd	0	0	0	0
Pb	0.05	0.04	0.04	9.61

表 4-54 工艺过程源排放 $PM_{1.0}$ 中无机元素占比 （单位：%）

元素	钢铁厂 A	某玻璃厂	某水泥厂	钢铁厂 B
Na	0.78	3.75	0.38	0.86
Mg	2.44	0.26	0.35	0.16
Al	4.29	1.94	3.57	0.01
Si	0.70	0.44	0.21	0.79
S	3.96	13.82	0.79	8.61
K	0.60	1.10	0.47	5.94
Ca	32.01	10.59	15.19	1.35
Ti	0.03	0.01	0.02	0.01

续表

元素	钢铁厂 A	某玻璃厂	某水泥厂	钢铁厂 B
V	0.01	0	0	0
Cr	0.38	0.21	0.31	0
Mn	0.06	0.03	0.04	0.01
Fe	2.65	1.27	2.18	1.10
Ni	0.27	0.13	0.21	0.17
Cu	0.04	0.03	0.02	0.90
Zn	0.81	0.32	0.38	1.15
Cd	0	0	0	0
Pb	0.05	0.04	0.05	4.57

表 4-55　工艺过程源排放 $PM_{0.1}$ 中无机元素占比　　（单位：%）

元素	钢铁厂 A	某玻璃厂	某水泥厂	钢铁厂 B
Na	0.76	0.44	0.55	1.16
Mg	0.61	0.39	0.50	0.24
Al	5.64	3.95	4.90	—
Si	0.22	0.88	0.34	0.27
S	1.58	1.01	1.14	9.35
K	0.74	0.47	0.97	6.84
Ca	42.76	18.69	23.50	—
Ti	0.05	0.03	0.04	—
V	0.01	0	0	—
Cr	0.49	0.39	0.43	—
Mn	0.07	0.05	0.06	0.02
Fe	3.31	2.52	2.96	0.88
Ni	0.35	0.26	0.29	0.22
Cu	0.04	0.07	0.03	0.69
Zn	1.20	0.49	0.63	1.46
Cd	—	0	—	—
Pb	0.05	0.04	0.07	0.15

4.3　移　动　源

4.3.1　基于历史资料的移动源谱特征综述

移动源排放是中国城市地区环境空气 $PM_{2.5}$ 的重要来源，特别是对于北京和上海等大城市（Zhang et al.，2015；Cui et al.，2016；Cai et al.，2017）。研究表明，基于受体模型，中国各地的机动车排放对 $PM_{2.5}$ 的贡献在 5%～34%（Zhang Y J et al.，2017）。影响机动车排放的因素很多，包括燃料类型、车辆类型、排放控制技术、运行条件、发动机性能和采样方法等（Watson et al.，1990；Maricq，2007；Chen P L et al.，2017）。移动源的源成分谱代表性经常会引起争议。图 4-13 总结了在中国使用直接采样法获得的不同车型的 PM_{10} 源成分谱（Chen P L et al.，2017）。无论是汽油车还是柴油车，排放源成分谱主要为 OC、EC、NO_3^-、NH_4^+、SO_4^{2-}、Ca、Fe 和 Zn。柴油车尾气（特别是重型柴油车尾气）中的 EC 含量高于汽油车尾气中的 EC 含量，这可能是由柴油和汽油碳氢化合物链的长度不同从而使柴油和汽油的燃烧程度不同所导致的（Chen P L et al.，2017）。由于汽油中曾添加 Mn 的化合物作为防爆剂，所以 2010 年之前汽油车排放物中的 Mn 含量高于柴油车。

随着燃料的不断升级，机动车尾气源谱也会有相应变化。在中国，过去的 18 年里，机动车油品已经过了五次升级。机动车排放的颗粒物中 Mn、Pb 和 SO_4^{2-} 的含量变化如图 4-14 所示。在 2000 年以前，Pb 被用作汽油的示踪剂；然而 2000 年起中国开始禁止使用含铅汽油，使得 Pb 不再适合作为汽油的示踪剂。汽油中 S（用于汽车）的标准值

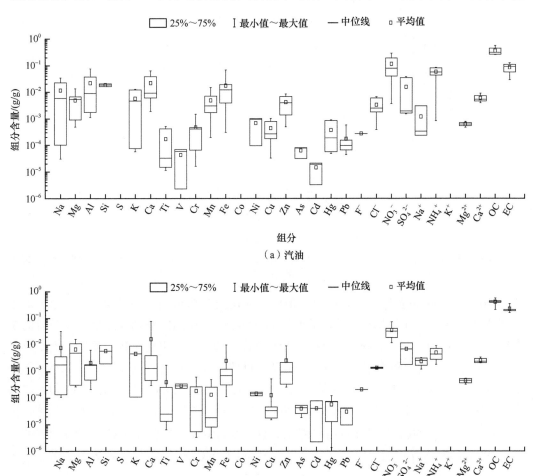

（a）汽油

（b）轻型柴油

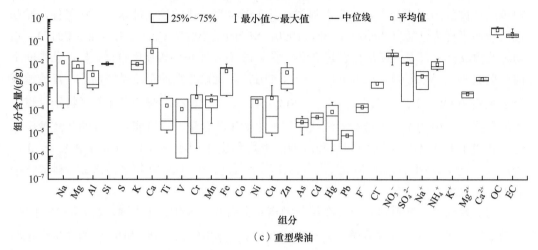

（c）重型柴油

图 4-13　使用直接采样法获得的不同类型车辆的 PM$_{10}$ 源成分谱

数据来源：南开大学大气污染源数据库；Chen P L et al.，2017

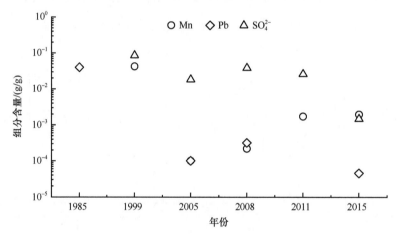

图 4-14　机动车排放的颗粒物中 Mn、Pb 和 SO$_4^{2-}$ 的含量随时间的变化情况

数据来源：南开大学大气污染源数据库；张德义，2000；Bi et al.，2007；Zhang J et al.，2009；韩博等，2009；郭莘，2013；
李光辉，2016

在 2000 年为 800μg/g（郭莘，2013），在 2018 年为 10μg/g。2000 年 Mn 的标准值为 0.018g/L（李光辉，2016），而 2018 年的标准值仅为 0.002g/L。中国的柴油标准也存在类似的变化趋势（Zhang J et al.，2009）。油品标准的变化无疑影响了机动车排放源谱。由于政府要求停止生产、销售和使用含铅汽油，机动车排放尾气中的铅含量明显下降。2005 年与 1985 年相比，机动车排放的铅含量显著下降（戴树桂等，1986；韩博等，2009）。2000 年后，Mn 的比例也显著减少（Bi et al.，2007；韩博等，2009）。同样，自 2000 年以来，机动车尾气中 SO$_4^{2-}$ 的比例呈明显的下降趋势，这主要与中国汽车油品中 S 含量的减少有关。

夏泽群等（2017）通过比较来自当地的研究和 EPA SPECIATE 数据库中的道路车辆 PM$_{2.5}$ 源谱的主要组成发现，尽管所占比例不同，中国和美国的机动车源主要组分均为 OC 和 EC。在美国，乙醇和甲醇作为增氧剂加入汽油，而中国汽油中的氧含量低于美国，这是导致国内和国外 OC 含量差异的一个重要原因（夏泽群等，2017）。中国SO_4^{2-}的比例是外国机动车辆的 2.4 倍（王刚等，2015；夏泽群等，2017），这可能与燃料中硫含量较高有关（郭莘，2013；李光辉，2016）。

4.3.2　移动源综合理化特征研究

4.3.2.1　样品采集信息

（1）机动车尾气

A. 北京

目前我国关于机动车排气中颗粒物以及气态污染物样品的采集与测定主要依据国家标准方法《轻型汽车污染物排放限值及测量方法（中国第六阶段）》（GB 18352.6—2016）和《重型柴油车污染物排放限值及测量方法（中国第六阶段）》（GB 17691—2018）。将机动车排放尾气进行全流稀释或分流稀释，再根据排气流量和（或）排气温度确定的最大热流量工况调节总流量，以保证通过颗粒物滤膜前的稀释排气温度不高于 325K（52℃）的情况下采样。

采样示意如图 4-15 所示。采用了芬兰 DEKATI 公司设计的细颗粒物稀释采样器（FPS），对机动车尾气进行稀释，颗粒物采样器采用德国 LECKEL 公司的颗粒物采样器，采样流量为 38.3L/min，采用芬兰 DEKATI 公司的 ELPI+实时监测机动车尾气排放颗粒物，用以调节稀释倍数。

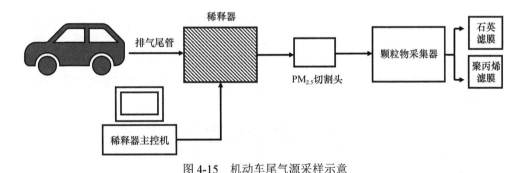

图 4-15　机动车尾气源采样示意

B. 天津

因机动车源样品的物理特性和化学组成相对稳定，无显著的季节性差异，故可以不考虑季节因素。道路移动源排放观测验证有包括台架观测验证、隧道观测验证、车载测试验证等方法。本书通过前期调研，选取排放比例较大的小型客车、大型客车、轻型货车、中型货车作为代表性车辆，开展台架测试、隧道测试、车载测试、路边采样测试，机动车尾气采集现场如图 4-16 所示。此外，依据研究初期对天津道路状况、车型分布、行驶工况等资料的调研结果，确定天津市区代表性车辆的类型和行驶路线，进行实际道路排放测试，收集车辆行驶过程中的实时排放数据。

图 4-16　机动车尾气采集现场

　　按照仪器连接规程搭建车载测试系统，使用静电低压冲击器 ELPI+、车载颗粒物采样系统和车载四通道膜采样器等设备对柴油车和汽油车车载测试，测试行驶路线涵盖了高速公路、快速路、主干道、次干道和支路。车辆测试工况的构成接近于车辆正常使用时的道路运行路况，包括市区工况、市郊工况和高速工况。车辆在不同工况条件下采集机动车尾气 10min 以上，采样结束后取出采样滤膜，用膜盒密封后放入便携式冰箱冷冻保存。车载测试中，车辆在不同工况条件下采样机动车尾气 10min 以上，给车载颗粒物采样系统足够的采样时间。测试期间，测试对象工况稳定、车辆尾气处理装置应运行正常。采样信息见表 4-56。

表 4-56　机动车尘采样信息一览表

车辆类型	燃料类型	排放标准	粒径
小客	汽油	国Ⅳ	$PM_{2.5}$
中客	汽油	国Ⅳ	$PM_{2.5}$
小货	柴油	国Ⅳ	$PM_{2.5}$
小货	柴油	国Ⅲ	$PM_{2.5}$
中客	柴油	国Ⅲ	$PM_{2.5}$
中货	柴油	国Ⅳ	$PM_{2.5}$
大客	柴油	国Ⅲ	$PM_{2.5}$
大客	柴油	国Ⅳ	$PM_{2.5}$

（2）船舶尾气

A. 采集情况

根据现代船舶使用功能，渔业、客运和货运，选取渔船、客轮和货轮三类船舶进行测试工作。在对烟台主要港口和船舶具体情况走访、调研之后，考虑实际情况和测试实现难度等因素，选取了三艘船只，五类发动机作为研究对象，采样船舶如图 4-17 所示。

（a）渔船

（c）货轮

（b）客轮

图 4-17　采样船舶

a. 渔船

渔船选用当地渔民所使用基本船型，具有较高代表性，基本情况如表 4-57 所示。该渔船具有一台四冲程发动机作为主机，使用燃油为船用柴油（marine diesel oil）。

表 4-57　船舶及发动机基本信息

船舶类型	发动机	缩写	发动机数量	燃油类型	额定功率/转矩	制造年份
渔船	—	FH	四冲程主机×1	船用柴油	245kW/2100r/min	—
客轮	辅机	FAE	二冲程辅机×3	重油	630kW/1000r/min	2009 年
	主机-离港	FMED	二冲程主机×2	重油	6000kW/750r/min	2009 年
	主机-巡航	FMEC	—	重油	6000kW/750r/min	2009 年
	主机-到港	FMEA	—	重油	6000kW/750r/min	2009 年
货轮	辅机	FrAE	二冲程辅机×3	低硫重油	1100kW	—
	主机	FrME	二冲程主机×2	低硫重油	60kW	—

b. 客轮

客轮选取大型钢长客滚船作为研究对象，2010 年投入渤海湾烟台至大连运营，总长为 163.95m，型宽为 25m，总吨位为 20 000t，载客数量为 1630 人，载车辆数量为 260 余辆。具体情况如表 4-57 所示。具有 3 台二冲程辅机发动机，两台二冲程主机发动机，主机和辅机发动机用油均为重油。

c. 货轮

货轮运输的货物为铝矾土，主要在渤海湾各城市间往返。船长为106m，船宽为20m，吃水为4.1m，共有3台二冲程辅机发动机和两台二冲程主机发动机。使用燃油为低硫含量的重油。具体信息见表4-57。

根据船舶发动机构成和常见运行工况，采样过程涉及对发动机主机和发动机辅机的研究，对主机的研究一般采用随船采集，对辅机的研究一般在船体靠岸停泊时对其排放口采用直接采集的方法。此外，对三种典型运行工况的采集：①离港；②巡航；③到港。根据实际情况和采样现场情况设计采样工况选择如下。

a. 渔船

渔船选择随船测试，使用高温耐热风管全包渔船采样口，并连接采样仪器，研究主机发动机在航行过程中尾气排放情况。

b. 客轮

客轮具有不同型号的主机和辅机。因船舶靠岸时主要为辅机发动机发挥作用维持船体电力供应以及正常运作，对于辅机的研究选择在船舶靠岸时连接排气管与采样仪器的方式，对辅机排放尾气进行样品采集。主机发动机的作用是为船只正常航行时提供能源和动力，对于主机发动机的研究选择跟船实验，于该船从烟台出发前往大连的过程中进行随船采集实验并分为三种工况（离港、巡航和到港）进行。离港状态为船只从烟台客运港离开的运行工况，为起步和加速过程。巡航状态为船只在开往大连客运港过程中的稳定匀速航行阶段，实为船舶运行情况和发动机工况趋于稳定的状态。到港状态为船只次日返回烟台客运港时的工况，一般为匀加速度减速阶段。

c. 货轮

本书中货轮主机发动机与辅机发动机额定功率和功效不同，因此分开研究。因跟船实验难以实现，研究中选择靠岸实验，依次单开辅机和单开主机，并在各自单开情况下进行尾气中污染物的采集。辅机研究为靠岸研究。主机研究为靠岸单开主机以模拟正常行驶状态，为模拟研究。

根据实地调研、船舶所在位置及航行信息，综合考虑诸多影响因素，保证采集顺利进行。选取点位如下：渔船采样点位于烟台渔人码头（37°30′N，121°27′E），后随渔船跟船采集。客轮采样点位初始位置位于烟台港客运站（37°33′N，121°22′E），后随船航行采集至大连港客运站（39°04′N，121°19′E），货轮采样点位于烟台货运码头（37°34′N，121°23′E）。

B. 实验设计

对船舶源尾气中颗粒物样品采用陕西正大环保科技有限公司制造的便携式稀释通道采样器（PDSI-01P型）。该仪器是测量颗粒物较为准确和精密的仪器之一，主要用于环境空气受体和污染源样品中颗粒物的研究，因其四条通道的设置可以同时完成对同一烟道一组样品中四张滤膜的同时采集，保证了同一组样品采样时间、温度和其他采样条件完全一致。其工作原理如图4-18所示：烟道内的烟气通过加热保温的烟枪进入稀释通道，同时洁净空气经过稀释泵进入稀释通道对污染源排气进行稀释，比例根据烟气浓度、温湿度和现场条件等进行设定，由此能够模拟污染源排放的颗粒物进入大气中的真实状态。稀释后经过一段时间停留,切割器对颗粒物进行分离,小于 PM$_{2.5}$ 粒径的颗粒物被滤膜捕集。结合船舶尾气采样特殊性,具体示意如图 4-19 所示,即高温耐热风管连接船舶尾气排放口及排气流量计等设备,排气流量计出口之一通向稀释仓并将采样气导入采样器主机中,之后由滤膜收集。

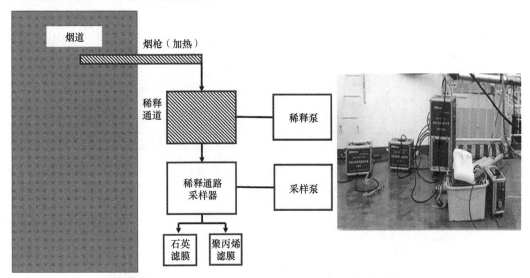

图 4-18　便携式稀释通道采样器(PDSI-01P 型)采样示意

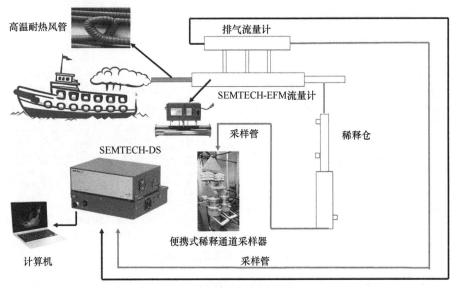

图 4-19　船舶采样整体连接

第一步:利用高温耐热风管将距离采样平台一定距离的排气口与采样仪器连接,本实验设计中要求高温耐热风管尽量全包住船舶排气口,保证尾气的传输不受外来空气或大气环境温度的多方面因素影响。因此选择研究船只时,排放口的直径大小也是重要的考量因素之一。渔船排放口直径较小,高温耐热风管可以实现全包,如图 4-20(a)所示。货轮主机和辅机排放口偏小,因此使用耐高温金属管、铁丝和耐高温金属夹等工具结合将排气导出，如图 4-20（b）所示。客轮由于船体设计，无论是主机发动机还是辅机发动机，其排放口宽度均宽于高温耐热风管，因此采用图 4-20（c）所示装置设计，排除外界因素干扰，具体安插情况如图 4-20（d）所示。

（a）采样器布置

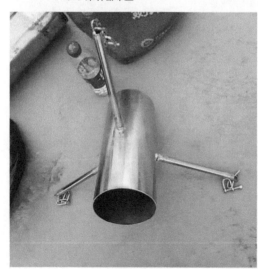
（c）高温耐热风管

（d）采样口正视

（b）采样口侧视

图 4-20　尾气导出连接现场图

第二步：尾气经耐热风管导入 SEMTECH-DS 配套的排气流量计中，排气流量计可以对烟气的流量和温度进行实时检测，烟气从流量计排出后一部分进入空气中，另一部分通过气管连接至其他采样仪器中。

第三步：耐热风管导出的烟气在气管中形成两路分支，一方面利用便携式稀释通道直接采样的方法，过程中实现等速采样；另一方面导入 SEMTECH-DS 中进行气态污染物的实时检测。

选择每组样品中一张直径 47mm 的聚丙烯滤膜和三张 47mm 的石英滤膜置于便携式

稀释通道仪器四通道中，实现同步采集。滤膜采集完成颗粒物样品后，可用于称重分析和化学组分分析。聚丙烯滤膜适用于无机元素组分分析，石英滤膜适用于碳组分和离子组分的分析。具体的实验设计如图 4-21 所示。

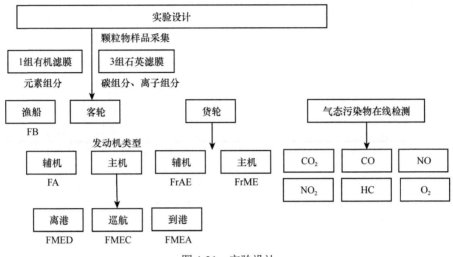

图 4-21　实验设计

4.3.2.2　结果与讨论

（1）机动车尾气

由图 4-22 可以看出，机动车尾气源谱中含量较高的组分主要为 OC、EC，离子中 Cl^-、SO_4^{2-}、NO_3^-、NH_4^+ 含量也相对较高。

对不同排放标准（包括国Ⅲ、国Ⅳ）柴油、汽油的客车、货车分别采集尾气排放的颗粒物样品进行分析，得到机动车尾气源谱如图 4-23 所示。各类车型 OC 平均含量在 $PM_{2.5}$ 中最高为 0.33g/g，EC 平均含量为 0.32g/g。

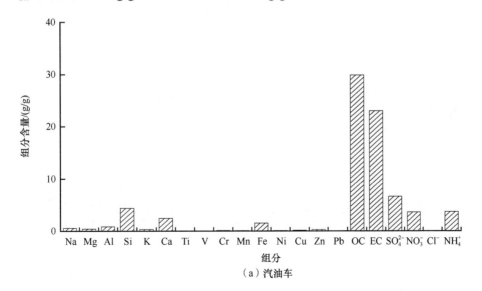

（a）汽油车

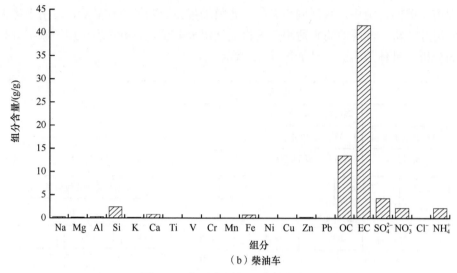

（b）柴油车

图 4-22　机动车尾气源谱（北京）

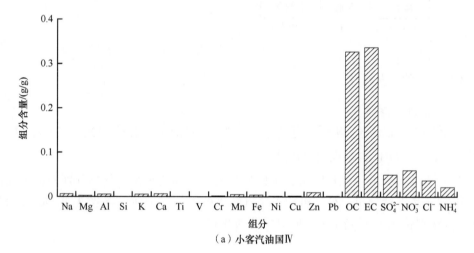

（a）小客汽油国Ⅳ

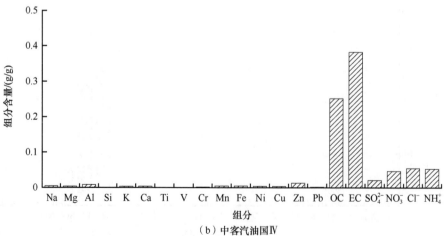

（b）中客汽油国Ⅳ

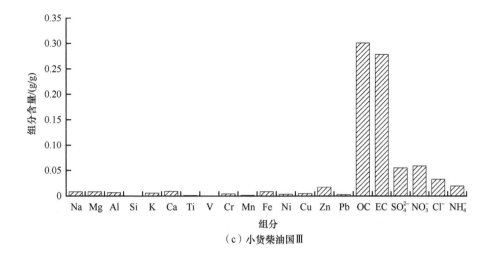

（c）小货柴油国Ⅲ

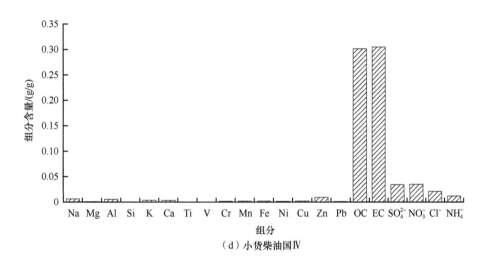

（d）小货柴油国Ⅳ

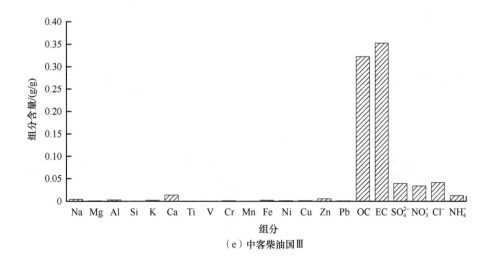

（e）中客柴油国Ⅲ

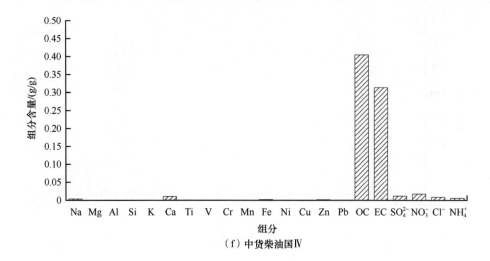

（f）中货柴油国Ⅳ

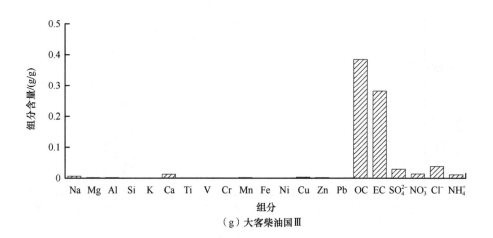

（g）大客柴油国Ⅲ

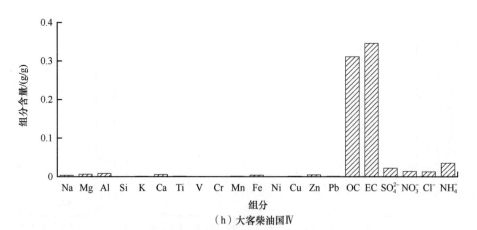

（h）大客柴油国Ⅳ

图 4-23 机动车尾气源谱（天津）

对比发现，国Ⅲ、国Ⅳ总碳含量基本一致，但 OC、EC 含量差异较大。离子组分中，SO_4^{2-}、NO_3^- 和 NH_4^+ 含量国Ⅲ柴油车明显高于国Ⅳ。无机元素组分中 Al、Ca、Fe、K、Mg、Na、Zn 含量较高，而 Hg 未检出。Al、Ca、Cu、Mn、Ni、Zn 含量国Ⅲ柴油车高于国Ⅳ，而其他元素含量国Ⅲ柴油车低于国Ⅳ。

（2）船舶

船舶源排放 PM$_{2.5}$ 中组分质量分数见表 4-58。从表 4-58 中可以看出，PM$_{2.5}$ 中无机元素含量较多的是 S、Si、Ca 和 Fe 等组分，组分含量变化范围分别是 0.39%～2.75%、0.58%～3.17%、0.32%～3.41%和 0.27%～1.20%；Cu 和 Mg 元素含量变化范围分别为 0.04%～0.29%和 0.05%～0.27%；痕量重金属（Pb、V、Ni、Cr、Cd）加和质量分数范围为 0.01%～1.75%；Hg 元素含量接近未检出水平。

表 4-58　船舶排放 PM$_{2.5}$ 中化学组分质量分数　　　（单位：%）

组分/模式	渔船	客轮辅机	客轮离港	客轮巡航	客轮进港	货轮辅机	货轮主机
Al	0.85	0.13	1.02	0.50	0.13	0.59	0.89
Ca	0.32	2.59	3.41	3.20	2.21	1.27	1.22
Co	0	0.07	0.01	0.05	0.07	0	0
Cu	0.10	0.17	0.29	0.22	0.05	0.07	0.04
Cr	0.01	0.01	0.21	0.12	0.04	0.04	0.01
Fe	0.27	0.60	0.86	0.80	0.60	0.74	1.20
Hg	0	0	0	0	0	0	0
K	0.04	0.05	0.28	0.18	0.05	0.21	0.22
Mg	0.05	0.06	0.27	0.21	0.06	0.17	0.15
Mn	0.01	0.04	0.03	0.04	0.05	0.05	0.05
Na	0.08	0.17	0.83	0.55	0.18	0.49	0.48
S	0.94	1.20	2.75	2.75	1.19	0.39	0.53
Si	0.90	1.77	3.17	2.51	0.58	0.91	0.75
Ti	0	0.01	0.02	0.01	0.01	0.02	0.04
Zn	0.01	0.04	0.04	0.03	0.02	0.04	0.14
痕量重金属	0.01	1.75	0.75	1.53	1.72	0.07	0.04
Na$^+$	0.03	0.04	0.08	0.03	0.02	0.08	0.04
K$^+$	0.01	0.01	0.02	0.01	0.02	0.03	0.03
Mg^{2+}	0.08	0.03	0.09	0.05	0.03	0.07	0.06
Ca^{2+}	2.91	1.37	1.61	1.58	0.31	1.61	1.02
NH$_4^+$	0.72	1.41	2.03	0.81	0.45	2.26	1.84
F$^-$	0	0.02	0.01	0	0.02	0.02	0.01
Cl$^-$	0.03	0.07	0.07	0.02	0.02	0.15	0.08
Br$^-$	0	0.01	0.02	0	0	0.03	0.02
NO$_2^-$	0.01	0.04	0.10	0.01	0.03	0.68	0.18

续表

组分/模式	渔船	客轮辅机	客轮离港	客轮巡航	客轮进港	货轮辅机	货轮主机
NO_3^-	0.18	0.81	0.24	0.21	0.25	1.80	1.07
SO_4^{2-}	5.92	1.57	4.99	4.60	1.77	1.45	1.06
PO_4^{3-}	0.01	0	0.03	0.02	0.03	0.14	0.06
OC	35.47	39.39	34.82	43.19	47.66	30.37	46.12
EC	6.61	6.68	10.66	9.09	11.02	23.96	7.74

　　船舶排放$PM_{2.5}$中有 12 种水溶性离子。阳离子中 Ca^{2+} 和 NH_4^+ 为主要成分,含量范围分别为0.31%~2.91%和0.45%~2.26%；Na^+、K^+ 和 Mg^{2+} 含量均在 0.1%以下。阴离子中 SO_4^{2-} 占比最高,范围为1.06%~5.92%；其次是 NO_3^-(0.18%~1.80%)和 NO_2^-(0.01%~0.68%)。

　　整体上看,7 种模式下船舶排放 $PM_{2.5}$ 中 OC 质量分数均呈现较高水平,范围为30.37%~47.66%；EC 质量分数变化较大,范围为 6.68%~23.96%。OC 中 OC1 质量分数最高,范围为 12.0%~26.0%,EC 中 EC1 质量分数最高,范围为 6.6%~20.2%。数据显示,船舶排放 $PM_{2.5}$ 大多为碳烟颗粒。

　　由图 4-24 可见,各类船舶源成分谱特征较为相似：OC、EC、SO_4^{2-}、Si 和 Ca 等为主要组分。具体分析如下：①碳组分在所有组分中占到绝对比例,OC 的平均含量达到39.9%,而 EC 除货轮辅机特殊(质量分数为 24.0%)以外,其他源成分谱中 EC/OC 均

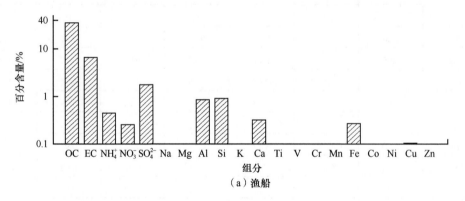

（a）渔船

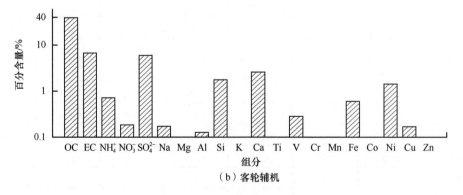

（b）客轮辅机

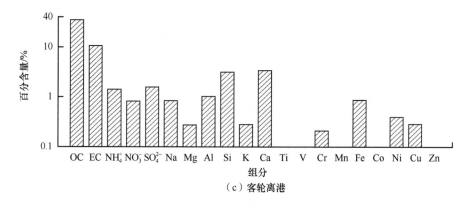

（c）客轮离港

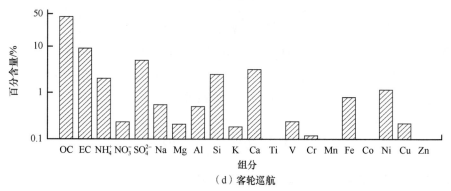

（d）客轮巡航

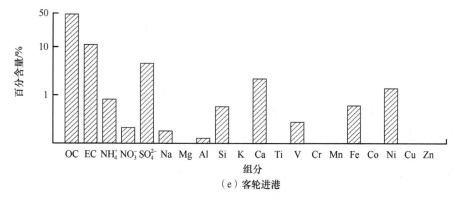

（e）客轮进港

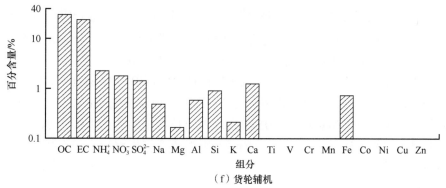

（f）货轮辅机

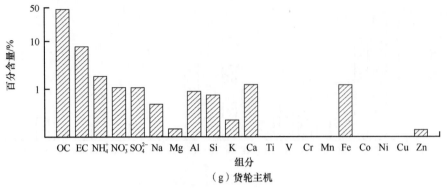

（g）货轮主机

图 4-24　船舶尾气源 PM$_{2.5}$ 源成分谱

在 0.17～0.30；碳质组分的 7 种碳组分表现为 OC1＞OC2＞OC3＞OC4、EC1＞EC＞EC3 的趋势；②离子元素中 SO$_4^{2-}$ 和 NH$_4^+$ 为主要组分，NO$_3^-$ 和 NH$_4^+$ 在各船舶尾气源成分谱之间的变化程度相反；③无机元素组分中 Si 和 Ca 为主要组分，而客轮 5 类源谱中 Ni 和 V 含量较高，可以作为重油发动机排放的标志性组分。

4.4　扬　尘　源

4.4.1　基于历史资料的扬尘源谱特征综述

扬尘是大气颗粒物的重要来源（Chow et al.，2003；Kong et al.，2011；Cao et al.，2012；Zhu et al.，2018），尤其在气候干燥、降水有限的中国北方地区（Cao et al.，2008；Shen et al.，2016）。扬尘不仅受土壤性质和地理位置的影响，还受气象因素、人为扰动等因素的混合影响。按照排放特点和化学组成差异，扬尘通常被分为土壤风沙尘、道路扬尘和施工扬尘（Doskey et al.，1999；Kong et al.，2014）。通常使用再悬浮采样器对扬尘样品进行分粒径采集。

如图 4-25 所示，土壤风沙尘的主要组分为 Si、Al 和 Ca，范围在 0.0500～0.2010g/g。Si 的含量最高，其次是 Al、Fe、Na 和 Mg。道路扬尘的主要组分为 Si、OC 和 Ca，范围在 0.0712～0.0855g/g。Si、Ca、Al 和 Fe 都是地壳元素，表明土壤风沙尘对道路扬尘的组分影响较大。道路扬尘中 OC 和 SO$_4^{2-}$ 含量高于土壤风沙尘，这表明道路扬尘受到车辆排放或其他人为源的影响（马召辉等，2015）。一般来说，扬尘中水溶性离子的总量在 0.0248～0.0648g/g，可见水溶性离子不是扬尘的主要组分。

许多研究表明，不同化学组分的比例可用作扬尘的标识（Alfaro et al.，2003；Arimoto et al.，2004）。Kong 等（2011）发现施工活动对铺装道路扬尘 Ca/Al 与土壤扬尘 Ca/Al 的影响有着显著差异。Zhang 等（2014）发现城市扬尘中的 Zn/Al 和 Pb/Al 是戈壁沙漠和黄土土壤样本的 1.5～5 倍，并认为 Zn 和 Pb 等重金属能够用作城市扬尘的标识物。Ho 等（2003）在香港的研究表明，与燃煤相比，机动车排放对道路扬尘化学组分的影响更为重要。

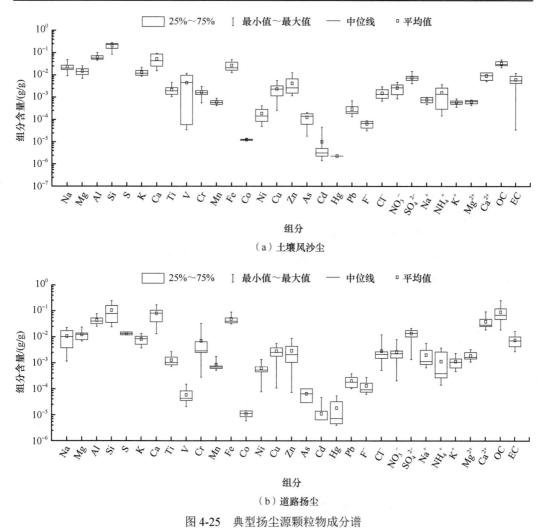

（a）土壤风沙尘

（b）道路扬尘

图 4-25 典型扬尘源颗粒物成分谱

4.4.2 扬尘样品的采集

在历史研究的基础上开展了更为丰富全面的扬尘样品采集与分析工作，包括城市扬尘、道路扬尘、土壤风沙尘和建筑水泥尘。由于扬尘排放面大、强度不确定、受周边环境干扰强，实地采样往往难以获得具有代表性的样品，故在实地直接采集构成源的全粒径物质后，再利用再悬浮采样器进行颗粒物源样品的采集。具体采样情况详列如下。

4.4.2.1 城市扬尘

因城市扬尘源样品化学组成会随其他颗粒物排放源的季节性变化而变化，选择在采暖和非采暖季分两次进行采样，采暖季采集了 52 个样品，非采暖季采集了 46 个样品。城市扬尘样品的布点充分考虑了城市的功能区划、地理位置和主导风向等，结合空气质量监测点（国控、省控和市控）的布局，在受体监测点周围（1km 范围内）选择临街两边的居住区、商业区楼房、工业区厂房等建筑物（一般采样高度 5～20m 二楼以上）布设采样点，在每个受体采样点四周采集样品。在样品采集时，选取周边没有或远离其他局部污染源的地方，用毛刷采集楼房、仓库等建筑物的窗台、储物架等平台上积累时间较长的降尘，采集量 50～200g，同时做好采样记录带回实验室。

4.4.2.2　土壤风沙尘

在天津市郊（距市区 20 km 左右）东、南、西、北、东北、东南、西北、西南 8 个方向以及主导风向选择裸露农田、河滩或果园采集土壤风沙尘，各方向上均匀布点，分别采样。布点周围避免烟尘、工业粉尘、机动车、建筑工地等人为污染源的干扰。经调查，天津主导风向为西南风，宁河位于下风向，静海位于上风向，土壤风沙尘共布设 21 个点位，清除地表植物碎屑等杂物，以梅花布点法采集表层土壤和 0～20cm 内的下层土壤，采集量为 200g/（袋·点位），采集样品共计 21 个（农田 14 个样品，林地两个样品，滩涂 1 个样品，混合 4 个样品），同时做好采样记录。

4.4.2.3　建筑水泥尘

（1）天津

选择天津较大的水泥生产企业，于 2017 年 2 月 27 日分别进行纯水泥、建筑扬尘以及窑头下载灰样品的采集。

1）采集不同标号的纯水泥样品 2 个，每个纯水泥样品不少于 200g。

2）在天津建成区内选择典型建筑施工场所，均匀布点采集建筑扬尘。收集散落在施工作业面（如建筑楼层水泥地面、窗台、楼梯、水泥搅拌场地等）上的建筑尘混合样品，共计两个样品，每袋样品不少于 100g。

3）水泥行业典型企业天津振兴水泥厂主要生产工艺为新型干法，大气污染物和颗粒物的采样和测试位置选择严格按照国家标准《固定污染源排气中颗粒物测定与气态污染物采样方法》（GB/T 16157—1996），结合生产工艺，选择具有代表性的采样点进行颗粒物采样。

（2）北京

选择北京典型的水泥厂作为样品采集点利用烟道稀释混合湍流分级采样器采集水泥窑炉（窑头、窑尾）烟气 PM_{10}、$PM_{2.5}$ 样品共两组。北京水泥厂主要生产工艺为新型干法，大气污染物和颗粒物的采样和测试位置选择严格按照国家标准《固定污染源排气中颗粒物测定与气态污染物采样方法》（GB/T 16157—1996），结合生产工艺，选择具有代表性的采样点进行颗粒物采样。

窑头：一般来说，回转窑都具有烟气温度高、含湿量低、粉尘颗粒细、含尘浓度高等特点，新型干法窑的烟气温度虽然比普通窑烟气温度低得多，但是仍在 200～300℃的范围内，无论收尘系统采用电收尘器还是袋式收尘器，都要对烟气采取增湿或降温措施。窑头采样点选择在收尘器出口处，采样时间为 2017 年 6 月 3 日。

窑尾：排放点设置在窑尾除尘器后。新型干法水泥生产线一般将窑尾烟气用于原料烘干，所谓的窑尾烟气处理系统实际上包括了原料粉磨兼烘干设备的收尘系统。窑尾收尘系统是废气从预热器一级筒顶部由高温风机引出,采样点选在收尘器后出口处,采样时间为 2017 年 5 月 23 日。

4.4.2.4　道路扬尘

根据城区道路特点,按道路类型选择具有代表性路段进行布点采样。布点原则为:在城市不同类型道路,包括高速公路及进口、主要干道、次要干道以及小路的十字路口布设采样点,同时兼顾环路和高速路交接路口。此外,在环路各大型立交桥下的停车场里,长期停放的车辆表面都积存着大量尘土,收集这些积尘作为样品进行分析。

通过现场踏勘,挑选了不同区域内不同类别的铺装道路,用真空吸尘器在一定面积路面上吸取道路灰尘,滤尘袋为纸袋,共得到 9 个路段的 27 个样品(沥青道路 16 个样品,水泥道路 9 个样品)。所选择的采样区域为行车区域,这些采样地点能够避免烟尘、工业粉尘、建筑工地等人为污染源的干扰,避免采集路边和车行区域以外的尘土。

4.4.3　结果与讨论

(1)城市扬尘

城市扬尘作为混合源,受多种一次源类的共同影响,多种源类的特征元素在扬尘源成分谱中均有体现。由图 4-26 可见,采暖季与非采暖季的扬尘源谱近似,PM_{10}、$PM_{2.5}$ 扬尘源成分谱中 Al、Ca、OC、SO_4^{2-} 四类组分最高,其他组分 Fe、Si 等也占有一定比例。

采暖季 Ca 元素在 $PM_{2.5}$、PM_{10} 中含量最高,达 0.11～0.13g/g。非采暖季 Ca 元素含量最高;其他组分 Al、Fe 等元素同为地壳元素,也占有一定的比例。可见,城市扬尘受土壤风沙尘影响较明显。而 OC、SO_4^{2-} 含量采暖季比非采暖季高 2～3 个百分点,可见采暖季扬尘受到煤烟尘影响较大。

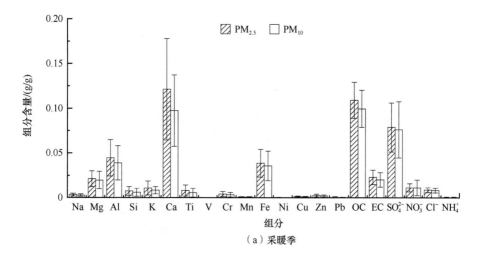

(a)采暖季

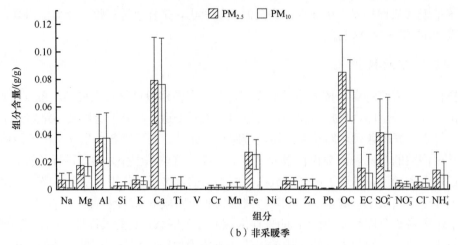

（b）非采暖季

图 4-26　天津城市扬尘源谱

（2）土壤风沙尘

由图 4-27 可知，土壤风沙尘源成分谱中 Si 元素含量显著高于其他组分，达到 0.14g/g，其次是 Ca、Al、Fe 等元素，在两种粒径颗粒物中含量水平在 0.04～0.09g/g。除地壳元素之外，土壤风沙尘中也含有一定的 OC，在 $PM_{2.5}$、PM_{10} 中含量分别为 0.08g/g、0.06g/g。

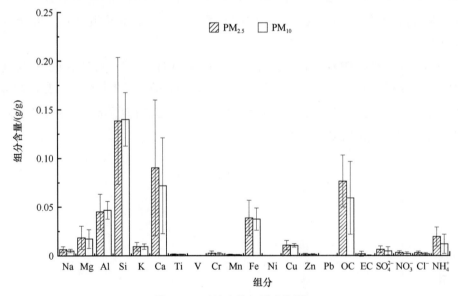

图 4-27　天津土壤风沙尘源谱

（3）建筑水泥尘

天津建筑水泥尘源谱如图 4-28 所示。纯水泥、施工扬尘、窑头下载灰源谱相似，Ca、Si 元素含量较高，OC、SO_4^{2-} 等组分在两种粒径颗粒物成分谱中也占有一定的比例。

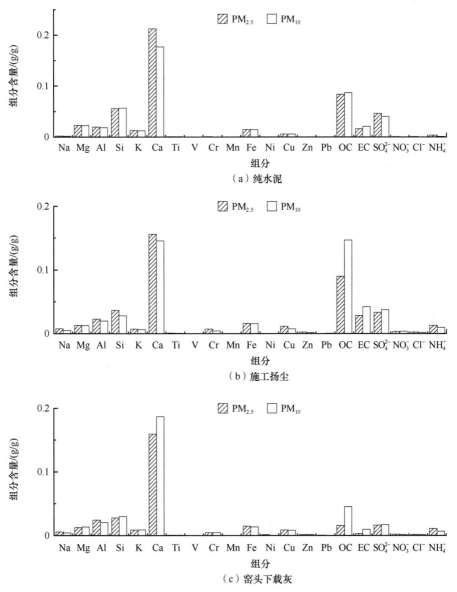

图 4-28　天津建筑水泥尘源谱

北京建筑水泥尘源谱如图 4-29 所示。窑头、窑尾源谱差异较为明显，而窑头或窑尾不同粒径源谱差异不大。窑头、窑尾源谱中 Ca、Si、Na、Cr、 NH_4^+ 含量均较高，范围分别为 $0.18\sim0.28$ g/g、$0.05\sim0.06$ g/g、$0.05\sim0.09$ g/g、$0.06\sim0.11$g/g、$0.07\sim0.09$ g/g。窑头源谱中 Ca 含量明显高于窑尾，而窑尾源谱中 Cr 含量明显高于窑头。

（4）道路扬尘

典型道路扬尘 $PM_{2.5}$ 源谱如图 4-30 所示。沥青道路与水泥道路扬尘 $PM_{2.5}$ 源谱差异不大，含量最高的组分均为 Si，其次为 Ca、Fe、Al，OC、SO_4^{2-} 等组分在颗粒物成分谱中也占有一定的比例。

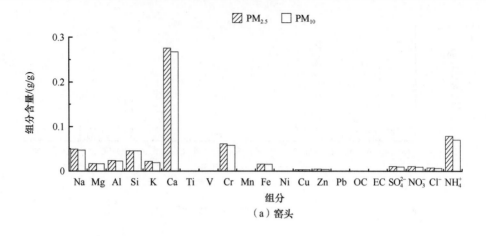

（a）窑头

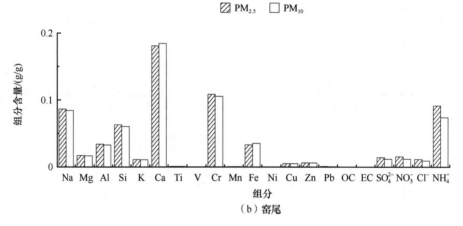

（b）窑尾

图 4-29 北京市建筑水泥尘源谱

将各源类的化学组分的含量按 $F_{ij} < 0.1\%$、$0.1\% \leqslant F_{ij} < 1\%$、$1\% \leqslant F_{ij} < 10\%$、$F_{ij} \geqslant 10\%$ 划分四档，那么各档中的化学组分见表 4-59，各源类的特征组分见表 4-60。

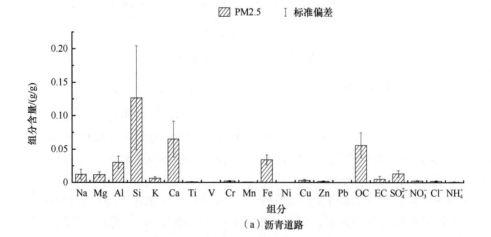

（a）沥青道路

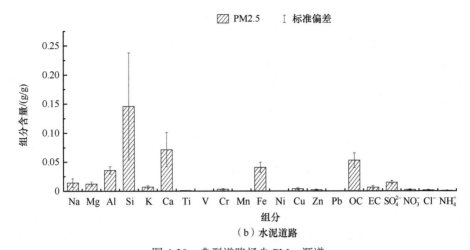

（b）水泥道路

图 4-30　典型道路扬尘 PM$_{2.5}$ 源谱

表 4-59　不同颗粒物排放源类中的化学成分含量分布

排放源	PM$_{10}$ 与 PM$_{2.5}$ 化学成分百分含量			
	<0.1%	0.1%~1%	1%~10%	>10%
城市扬尘（采暖季）	V、Mn、Ni、Pb、NH$_4^+$、K	Na、Si、Ti、Cr、Cu、Zn、Cl$^-$	Mg、Al、K、Fe、EC、SO$_4^{2-}$、NO$_3^-$、Ca、OC	Ca、OC
城市扬尘（非采暖季）	V、Ni、Pb	Na、Si、K、Ti、Cr、Mn、Cu、Zn、NO$_3^-$、Cl$^-$	Mg、Al、Ca、Fe、OC、EC、SO$_4^{2-}$、NH$_4^+$	—
土壤风沙尘	V、Mn、Ni、Pb	Na、K、Ti、Cr、Zn、EC、SO$_4^{2-}$、NO$_3^-$、Cl$^-$	Mg、Al、Ca、Fe、Cu、OC、NH$_4^+$	Si
建筑水泥尘	Ti、V、Cr、Mn、Ni、Zn、Pb、NO$_3^-$、Cl$^-$、NH$_4^+$	Na、K、Cr、Ni、Cu、Zn、NO$_3^-$、Cl$^-$、NH$_4^+$、SO$_4^{2-}$	Na、Mg、Al、Si、K、Cr、Fe、Cu、OC、EC、SO$_4^{2-}$、NO$_3^-$、Cl$^-$、NH$_4^+$	Ca、Cr
道路扬尘	Ti、V、Mn、Ni、Pb、NH$_4^+$	K、Cr、Cu、Zn、EC、NO$_3^-$、Cl$^-$	Na、Mg、Al、Ca、Fe、OC、SO$_4^{2-}$	Si

表 4-60　大气颗粒物各主要排放源类的特征元素

源类	特征元素
城市扬尘（采暖季）	Ca、OC
城市扬尘（非采暖季）	Ca、OC
土壤风沙尘	Si
建筑水泥尘	Ca、Cr
道路扬尘	Si

4.5　生物质燃烧源

4.5.1　基于历史资料的生物质燃烧源谱特征综述

中国是农业大国。在农作物收获季节，直接燃烧（露天焚烧或家用炉具燃烧）是消除农业固废的有效方法（Andreae and Merlet，2001；Streets et al.，2003；Cheng et al.，2013；Li et al.，2014；Ni et al.，2017）。但这种燃烧会将大量污染物释放到环境空气中，从而影响空气质量、人类健康和气候（Chen J M et al.，2017；Yao et al.，2017）。生物质锅炉燃烧也是生物质燃烧源的一个重要子类（Tian et al.，2017）。小麦秸秆、玉米秸秆和稻草占中国农业燃烧的 80%（Ni et al.，2017），此外还有其他燃料，如木材、大豆和油菜籽。生物燃料类型、采样程序和燃烧条件导致生物燃烧产生的颗粒物排放水平和化学性质存在很大差异（Chen J M et al.，2017；Tian et al.，2017）。

在中国，生物质通常以三种方式燃烧，露天焚烧、民用炉灶燃烧和生物燃料锅炉燃烧。目前，测定生物质燃烧排放的方法有两种，现场燃烧实验和实验室燃烧模拟（Ortiz de Zarate et al.，2000；Hays et al.，2005；Li et al.，2014；Sanchis et al.，2014）。图 4-31

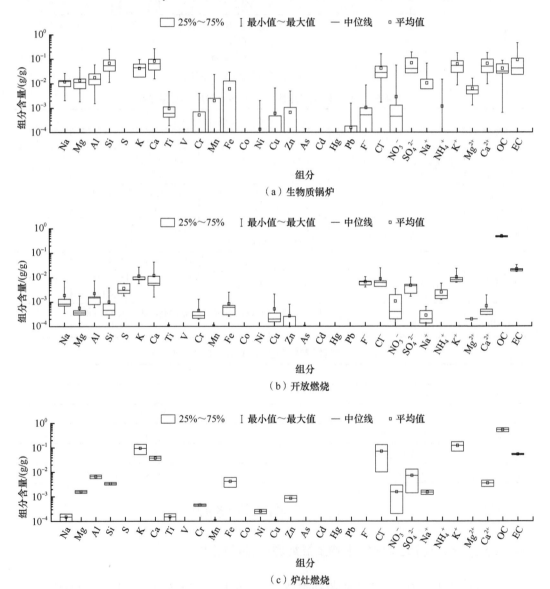

图 4-31　生物质燃烧源 PM$_{2.5}$ 成分谱

数据来源：南开大学大气污染源数据库

总结了在中国各地以上述三种燃烧方式获得的 $PM_{2.5}$ 生物质燃烧源谱，采样方法为再悬浮采样法。生物质燃烧源谱的主要成分是 OC、EC、K^+、Cl^- 和 Ca。生物质锅炉燃烧的 EC 含量比民用锅炉燃烧高 4.2 倍，这可能是由于生物质锅炉中的空气混合不均匀，秸秆在缺氧条件下燃烧造成的（Tian et al.，2017）。如果生物质锅炉燃烧处于高温火焰条件下，也会导致 EC 排放较高。相比之下，在露天焚烧情况下，氧气含量充足，从而导致相对较高的 OC 排放。此外，生物质锅炉燃烧排放的 Ca 含量高于露天焚烧。关于生物质燃烧中特殊成分的排放，木材燃烧产生的 EC 排放量最高，这可能是由于木材中木质素含量较高（唐喜斌等，2014），促进了黑炭的形成（Wiinikka and Gebart，2005）。

Chen 等（2007）在美国对野生燃料进行了实验室模拟燃烧，研究其颗粒的排放特征，发现颗粒物中 TC 含量的百分比在 63.7%～100%，高于中国（4.9%～68%）。K（0.4%～23.7%）、Cl^-（0.1%～9.6%）和 S（0.1%～2.9%）也是美国生物质燃烧排放颗粒物质量的重要组成部分。可见，由于生物质种类和燃烧过程的不同，美国生物质燃烧源谱与中国源谱有所不同。

4.5.2　生物质燃烧源样品采集

4.5.2.1　采样点信息

生物质原材料包括玉米秸秆、小麦秸秆、水稻秸秆、薪柴四类。四类秸秆来源如表4-61所示。

表 4-61　各类生物质来源

秸秆类别	来源地区
玉米秸秆	天津静海区、津南区
小麦秸秆	天津静海区
水稻秸秆	天津宝坻区
薪柴	河北邢台

4.5.2.2　采样方案

（1）户用燃烧实验

在户用实验开展之前对中国北方农村地区所用炉灶类型进行了走访考察，主要分为独立炉灶和灶/炕一体两类，单独用于炊事做饭或是炊事、取暖两用，选择独立炉灶进行实验。实验时间为 2017 年 1 月 15～17 日，实验地点位于我国河北省邢台市南和县[①]史召乡农户家中，其厨房在一间一层楼的平房内。炉灶由砖石围成一个燃烧舱室，燃烧舱室分为上下两层，由中间的金属格栅分开，以便燃料燃烧完毕后其灰烬自动从上层燃烧空间落入下层空间。炉灶燃烧舱室连接烟道，烟气通过烟道从平房的楼顶出口逸出。

炉灶的锅中加入水，模拟燃烧过程。为考察每一类生物质燃烧所产生的污染物排放

---

① 2020 年 6 月，国务院批复撤销南和县，设立南和区。

特征，单独采集玉米秸秆、小麦秸秆、水稻秸秆、薪柴四类生物质燃烧产生的颗粒物和烟气。ELPI+连接稀释通道在烟道口进行采样，采取 8 倍稀释。

ELPI+撞击器搭载特氟龙滤膜、石英滤膜、铝膜，采集各类秸秆产生的颗粒物，实验分组见表 4-62。采集 20 组样品，共计 280 张滤膜。每组样品采集时间根据滤膜采集到颗粒物量的多少确定，一般在 20～40mins。同时使用真空箱将烟气采集到 PVF 气袋中。

表 4-62　户用燃烧实验分组

生物质类别	滤膜种类×组数	稀释倍数	分析项目
玉米秸秆	特氟龙×2	8	水溶性离子、无机元素
	石英×2	8	碳组分、多环芳烃
	铝膜×1	8	在线监测
小麦秸秆	特氟龙×2	8	水溶性离子、无机元素
	石英×2	8	碳组分、多环芳烃
	铝膜×1	8	在线监测
水稻秸秆	特氟龙×2	8	水溶性离子、无机元素
	石英×2	8	碳组分、多环芳烃
	铝膜×1	8	在线监测
薪柴	特氟龙×2	8	水溶性离子、无机元素
	石英×2	8	碳组分、多环芳烃
	铝膜×1	8	在线监测

（2）开放燃烧实验

为模拟秸秆露天焚烧，自制简易焚烧装置如图 4-32 所示。装置主要由支架、集气罩、烟道和风机四部分组成。支架、集气罩和烟道均由镀锌钢板制成。支架长、宽、高尺寸分别为 70cm×70cm×70cm，其作用在于支撑集气罩。集气罩底部为正方形，尺寸为 70cm×70cm，顶部通过直径 10cm 的弯管连接 70cm 长的镀锌钢板烟道，烟道再通过 50cm 的铝箔软管连接两台串联的风机。每台风机功率 40W，转速 2400r/min，风量 198m³/h，

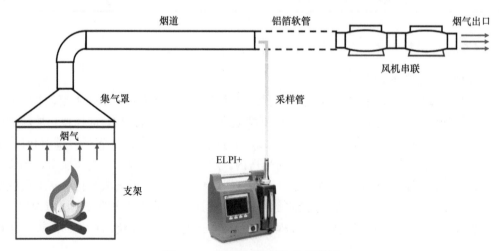

图 4-32　生物质开放燃烧装置效果

两台串联使得烟气集中由烟道往外排放,避免四处逸散不便采样。经过测试,风机抽气不会对生物质燃烧产生影响。ELPI+采样管从铝箔软管与不锈钢烟道连接处接入烟道,入口处与烟气流向相反。

实验时间为 2017 年 2 月 28 日和 3 月 2 日。实验过程中轮流燃烧玉米、小麦、水稻三类秸秆,通过添加燃料来控制燃烧处于相对稳定的状态。ELPI+搭载特氟龙、石英、铝膜三类材质滤膜收集颗粒物,各实验分组情况见表 4-63。同时使用真空箱将烟气采集到 PVF 气袋中。

表 4-63 开放燃烧实验分组

生物质类别	滤膜种类×组数	实验时间/min	分析项目
玉米秸秆	特氟龙×3	8	水溶性离子、无机元素、扫描电镜
	石英×5	8	碳组分、多环芳烃、稳定同位素
	铝膜×1	20	在线监测
小麦秸秆	特氟龙×3	8	水溶性离子、无机元素、扫描电镜
	石英×4	8	碳组分、多环芳烃、稳定同位素
	铝膜×1	20	在线监测
水稻秸秆	特氟龙×3	8	水溶性离子、无机元素、扫描电镜
	石英×3	8	碳组分、多环芳烃
	铝膜×1	20	在线监测

4.5.3 结果与讨论

4.5.3.1 质量浓度和数浓度分布

各类生物质开放燃烧与户用燃烧排放颗粒物数浓度水平由于燃烧条件的不同存在一定的差异:玉米、小麦、水稻三类秸秆开放燃烧排放 0.006~9.890μm 颗粒物数浓度在 10^5~10^7/cm³ 数量级,户用燃烧排放颗粒物数浓度在 10^4~10^5/cm³ 数量级;薪柴户用燃烧排放颗粒物数浓度在 10^6/cm³ 数量级。将 ELPI+采集 14 级粒径段颗粒物数浓度整理为百分占比,结果如图 4-33 所示。

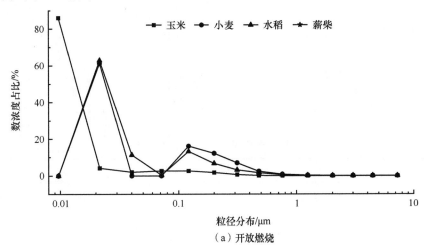

（a）开放燃烧

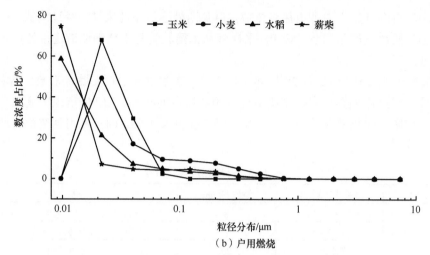

（b）户用燃烧

图 4-33　生物质开放燃烧与户用燃烧排放颗粒物数浓度粒径分布

开放燃烧中，玉米秸秆数浓度呈现单峰分布，峰值出现在 0.006～0.016μm（1 级粒径段）；小麦、水稻秸秆呈现双峰分布，第一波峰在 0.016～0.030μm 粒径段，第二波峰在 0.095～0.156μm 粒径段，但占比分别为 13% 和 16%。各类生物质户用燃烧颗粒物数浓度均呈现单峰分布，波峰出现在 0.006～0.030μm 粒径段。

因此，就数浓度而言，各类生物质在开放燃烧和户用燃烧中排放颗粒物数浓度峰值主要集中在0.006～0.030μm，本实验中该粒径段占比达到50%～90%。张鹤丰（2009）利用大型烟雾箱对玉米、小麦、水稻三类秸秆燃烧产生颗粒物数浓度进行研究，发现三者数浓度在 0.003～10μm 的粒径分布波峰分别出现在 0.102μm、0.155μm、0.047μm 左右，相较于本节数浓度集中粒径段较粗。小麦、水稻两类秸秆开放燃烧数浓度粒径分布在 0.095～0.156μm，积聚模态呈现含量较低的第二波峰，可能与开放燃烧条件有关。

将各类生物质在开放燃烧与户用燃烧条件下采集得到的颗粒物质量通过 ELPI+流量 10L/min 换算成浓度，再得到 14 级粒径段各自浓度占比，用高斯函数（即正态函数）进行拟合，得到的结果分别如图 4-34 和图 4-35 所示。玉米、小麦、水稻三类秸秆在开放

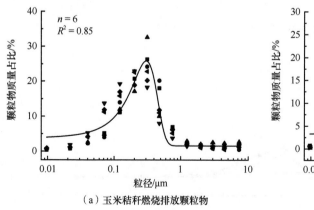

（a）玉米秸秆燃烧排放颗粒物

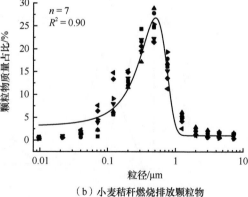

（b）小麦秸秆燃烧排放颗粒物

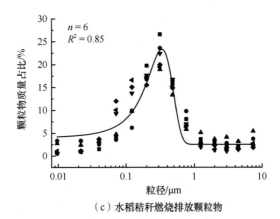

（c）水稻秸秆燃烧排放颗粒物

图 4-34　生物质开放燃烧颗粒物质量浓度粒径分布

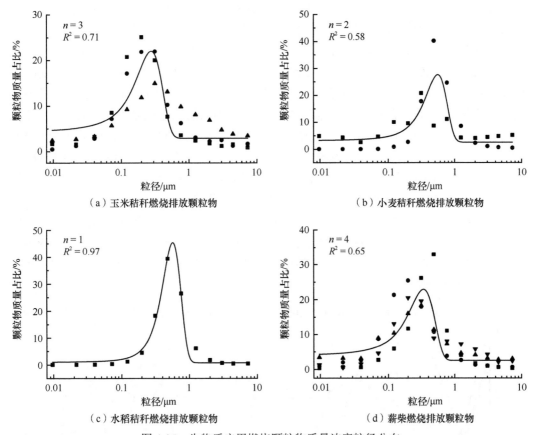

（a）玉米秸秆燃烧排放颗粒物　　　　　　　（b）小麦秸秆燃烧排放颗粒物

（c）水稻秸秆燃烧排放颗粒物　　　　　　　（d）薪柴燃烧排放颗粒物

图 4-35　生物质户用燃烧颗粒物质量浓度粒径分布

燃烧中，质量浓度粒径分布与高斯函数拟合决定系数 R^2 分别为 0.85、0.90、0.85，在户用燃烧中决定系数 R^2 分别为 0.71、0.58、0.97，薪柴户用燃烧颗粒物质量粒径分布拟合决定系数 R^2 为 0.65，可见粒径分布规律十分接近对数正态函数。

可见本实验所用各类生物质在户用和开放燃烧条件下采样获得颗粒物质量分布均满足对数正态分布，其中开放燃烧条件下拟合更好，数据差异性更小。从分布规律来看，两种燃烧条件下各类生物质排放颗粒物质量浓度大量集中在中间粒径段，主要是0.257～0.382μm 粒径段，其次是 0.382～0.603μm 粒径段，占比多在 20%～30%，而首尾粒径段占比均较低。本节结果与张鹤丰（2009）对三类秸秆排放颗粒物质量浓度粒径分布的研究结果一致。

4.5.3.2 化学组分特征

（1）碳组分

本实验使用 ELPI+搭载直径 25mm 石英膜采集开放燃烧和户用燃烧中各类生物质排放的碳组分 OC、EC，得到其含量在 14 级粒径（0.006～9.890μm）之间的分布结果。ELPI+采集颗粒物样品在滤膜上呈点状分布，而整张膜不能完全引入 DRI 2001A 热光碳分析仪中分析，因此分析数据处理过程中基于仪器分析结果，采用以点换算（分析样品点数/总点数）为主、面积换算（分析面积/总面积）为辅的方法来设置系数估算滤膜上OC、EC 含量。由此可能产生一定程度的系统误差。

各类生物质开放燃烧与户用燃烧排放颗粒物中 OC、EC 含量粒径分布分别如图 4-36和图 4-37 所示。各类生物质在开放燃烧和户用燃烧中排放 OC 含量最高值均在 0.006～0.016μm 粒径段取得，最高含量在 25%～40%。从 0.016μm 开始，各类生物质在开放燃烧和户用燃烧条件下排放 OC 含量随着粒径呈现出不同的变化规律。开放燃烧中，三类秸秆排放 OC 随着粒径增长呈现出先增长后下降的趋势：在 0.016～3.660μm 呈现"锯齿状凸起"，最低值在 5.370～9.890μm（14 级）处取得，含量在 7%～10%。户用燃烧中，各类生物质排放 OC 含量随着粒径增长呈先下降后略有回升的趋势：玉米、小麦两类秸秆在 0.054～0.156μm 取得含量最低值，水稻秸秆、薪柴在 0.949～2.470μm 处取得含量最低值。OC 主要来源于生物质燃烧过程中纤维素、半纤维素等有机物的受热分解，因此 OC 含量在开放燃烧和户用燃烧排放颗粒物粒径分布的不同可能与燃烧条件及成核过程有关。除水稻以外，玉米、小麦两类秸秆开放燃烧排放各粒径段颗粒物 OC 含量水平整体高于户用燃烧。

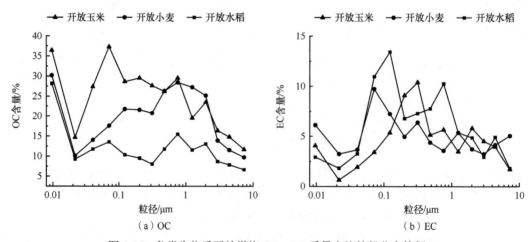

图 4-36　各类生物质开放燃烧 OC、EC 质量占比粒径分布特征

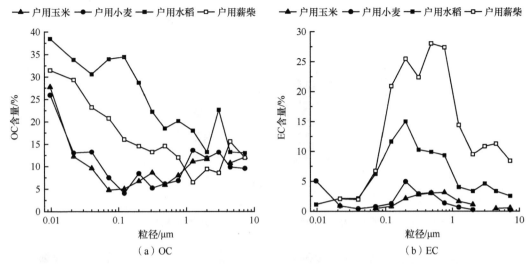

图 4-37　各类生物质户用燃烧 OC、EC 质量占比粒径分布特征

各类生物质开放燃烧中排放颗粒物各粒径段 EC 含量水平整体高于户用燃烧，而变化趋势较为一致，整体呈现先上升再下降的趋势，波峰多出现在 0.095～0.949μm 粒径段。三类秸秆对比，水稻在开放燃烧和户用燃烧条件下排放各粒径段颗粒物 EC 均值含量均最高。薪柴户用燃烧排放 EC 的 14 级粒径分布趋势与其他秸秆户用燃烧一致，含量水平更高，均值达到 15.12%（±10.31%）。这可能与薪柴中木质素较多，而木质素难以氧化分解，氧化多产生焦炭，难以燃烧从而排放 EC 较多有关。

整理各类生物质开放燃烧产生 $PM_{0.1}$、$PM_{1.0}$、$PM_{2.5}$、PM_{10} 碳组分成分谱 12 条，户用燃烧条件下碳组分成分谱 16 条，结果分别如图 4-38 和图 4-39 所示。各类生物质不同粒径级之间对比：各类生物质 $PM_{1.0}$、$PM_{2.5}$、PM_{10} 3 个粒径中 OC、EC 含量均较为接近，而 $PM_{0.1}$ 与其他 3 个粒径中 OC 含量有不同程度差距。开放燃烧中玉米和水稻秸秆燃烧产生成分谱中均为 $PM_{0.1}$ 中 OC 含量最高，而开放燃烧中小麦秸秆 $PM_{0.1}$ 含量为 16.62%，低于其他 3 个粒径级。这与 ELPI+冲击式分级采样的方式有关，生物质燃烧排放颗粒物质量集中在 0.095～0.603μm 粒径段，首尾几级粒径段质量占比极小，$PM_{1.0}$、$PM_{2.5}$、PM_{10} 均包括该质量集中粒径段，因此某类组分含量不会出现太大差异。而 $PM_{0.1}$ 未包括该质

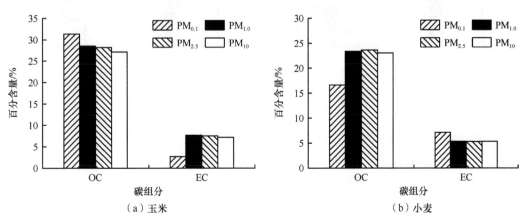

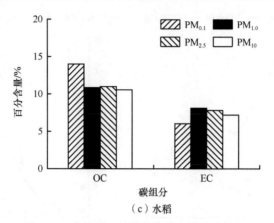

（c）水稻

图 4-38　生物质开放燃烧多粒径碳组分特征

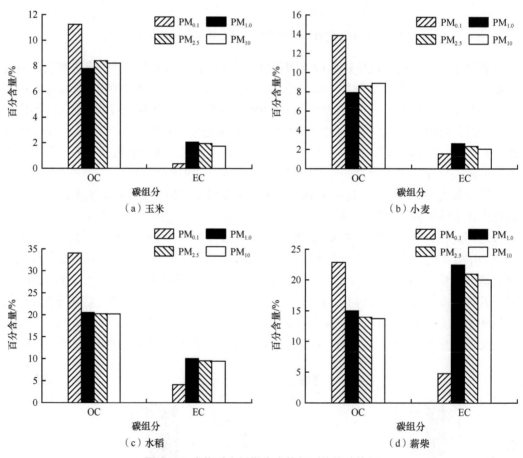

图 4-39　生物质户用燃烧多粒径颗粒物碳特征

量集中粒径段，样品质量和组分含量与 $PM_{1.0}$、$PM_{2.5}$、PM_{10} 粒径段均有较大差异。此外，$PM_{0.1}$ 样品本身质量较低，也更容易受到样品称量误差、分析误差等影响。

　　EC 含量在四粒径成分谱中也呈现类似 OC 的分布规律，但由于在 14 级粒径中呈现"两边低，中间高"的分布规律，EC 在 $PM_{0.1}$ 中含量最低，而在 $PM_{1.0}$、$PM_{2.5}$、PM_{10}

中含量较高，且三者较为接近，同时呈现逐渐降低的趋势。

两种燃烧方式下各类秸秆 $PM_{1.0}$、$PM_{2.5}$、PM_{10} 中 OC/EC 较为接近，开放燃烧与户用燃烧没有明显差距，如图 4-40 所示。玉米、小麦秸秆 OC/OE 在 3～5，而水稻秸秆偏低，在 1～2。薪柴户用燃烧 OC/EC 在 0.66 左右。$PM_{0.1}$ 中 OC/EC 整体高于其余三个粒径，其中玉米秸秆户用燃烧最高达到 31.30，这可能与该实验组中玉米燃烧较为完全（$PM_{0.1}$ 中 OC 含量为 11.23%、EC 含量为 0.36%）有关。

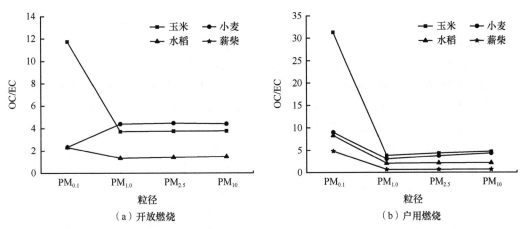

图 4-40　生物质燃烧多粒径段 OC/EC 特征

本节中两种燃烧方式下不同生物质类别 OC 整体含量对比：开放燃烧中，玉米、小麦两类秸秆各成分谱 OC 含量范围分别为 27%～31%、16%～24%，而水稻秸秆成分谱中 OC 含量在 10%～14%，明显低于前两者。户用燃烧中，玉米、小麦两类秸秆各成分谱 OC 含量较为接近，在 7%～14%，而水稻秸秆中 OC 含量在 20%～34%，明显高于前两者。这可能与水稻秸秆的实验条件与其他生物质类别不同有关。OC 来源于生物质中纤维素、半纤维素、木质素受热分解产生的挥发分，挥发分在未燃烧或者未完全燃烧的条件下逃逸，均相成核或者非均相成核后被采样器捕集到即为 OC。因此，秸秆燃烧排放颗粒物与自身水分、燃烧温度、供氧量、风速等条件均有关系。温度越高，生物质中有机物分解产生 OC 越快越彻底，在氧气充足且扩散条件差的条件下燃烧程度高，OC 排放量低，而较大的风速利于 OC 等挥发分的逃逸，燃烧程度偏低时，OC 排放量高。如表 4-64 和表 4-65 所示，各类秸秆开放燃烧与户用燃烧各 $PM_{2.5}$ 成分谱中 OC 含量相较于 Li 等（2007, 2009）、Oanh 等（2011）、唐喜斌等（2014）的研究结果均偏低。这可能与燃烧条件有关。另外，这些研究均用中流量、四通道等过滤式采样器，而本节采用分级冲击式采样器，在采样原理和流量等方面均有所有不同，这也可能是造成差异的原因。

表 4-64　各类文献中秸秆开放燃烧产生 $PM_{2.5}$ 中 OC、EC 含量对比

类别	小麦1	水稻	小麦2	玉米
OC/$PM_{2.5}$	41	25	38.5±16.0	33.6±13.8
EC/$PM_{2.5}$	5	4	7.65±3.97	2.98±0.68
OC/EC	8.2	6.25	5.03	11.28

表 4-65　　各类文献中秸秆户用燃烧产生 PM$_{2.5}$ 中 OC、EC 含量对比

类别	水稻	薪柴 1	小麦 1	小麦 2	玉米	薪柴 2
OC/PM$_{2.5}$	37	30	34.43	41.96±9.21	41.75±14.71	40.25±6.01
EC/PM$_{2.5}$	10	34	5.12	3.70±0.74	3.48±1.63	42.85±6.46
OC/EC	3.7	0.88	6.72	11.34	12.00	0.94

除水稻秸秆以外，玉米秸秆、小麦秸秆开放燃烧产生成分谱中，EC 含量整体高于户用燃烧。从 Li 等（2007，2009）开展的户用燃烧实验与开放燃烧实验来看，玉米秸秆燃烧排放 PM$_{2.5}$ 中 EC 含量在户用燃烧与开放燃烧中无明显差异，而小麦秸秆在开放燃烧排放 EC 含量高于户用燃烧，因此不能简单判定开放燃烧与户用燃烧中组分含量相对高低，要细致考察秸秆本身组成和燃烧条件。薪柴户用燃烧产生 OC 含量与本书中其他秸秆差异不大，而 EC 含量在 PM$_{1.0}$、PM$_{2.5}$、PM$_{10}$ 中达到 20%，远高于其他秸秆，这与其木质素含量较高，有利于炭黑形成有关（张明等，2005；唐喜斌等，2014）。EC 主要来源于燃烧过程中固定碳的不完全燃烧，固定碳来源于生物质中有机物的分解，而木质素分解产生固定碳含量较高。固定碳在氧气充足、扩散条件不利的情况下燃烧完全，EC 含量则低，而在扩散条件好时燃烧不完全程度高，导致 EC 含量较高。

总结来看，开放燃烧产生各成分谱中 OC 含量整体高于户用燃烧，各类生物质中开放燃烧各粒径级颗粒物 OC 整体水平为玉米秸秆＞小麦秸秆＞水稻秸秆；户用燃烧各类生物质各粒径级颗粒物 OC 整体含量排序与开放燃烧相反，为水稻秸秆＞薪柴＞小麦秸秆＞玉米秸秆。可见不同生物质之间组分含量大小没有明显的规律，且生物质燃烧污染物排放特征本身较为复杂，燃烧条件与生物质自身物理化学特征影响作用的相对大小还需更深入的研究。

（2）水溶性离子

玉米、小麦、水稻三类秸秆开放燃烧产生离子组分中，SO$_4^{2-}$、NH$_4^+$、K$^+$ 等组分含量在较多粒径级低于检出限，因此选取 NO$_3^-$、Cl$^-$、Na$^+$、Mg^{2+} 含量和粒径分布进行介绍。结果如图 4-41 所示，检测到的各类离子中，含量随粒径分布呈现两种变化趋势：其一为"中间波谷"型，以 NO$_3^-$、Na$^+$、Mg^{2+} 为例，表示组分含量从小粒径开始，先下滑，后上

（a）NO$_3^-$　　　　　　　　　　　　　（b）Cl$^-$

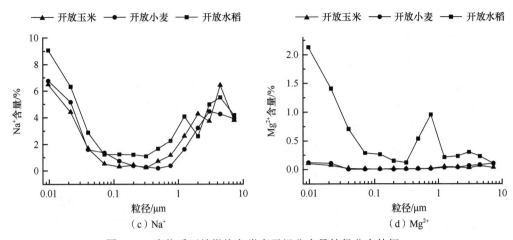

图 4-41　生物质开放燃烧各类离子组分含量粒径分布特征

升,在中间粒径段形成波谷的分布规律;其二为"中间波峰"型,以 Cl^- 为例,表示组分含量从小粒径开始,先上升,后下滑,在中间粒径段形成一个或多个波峰的分布规律。

户用燃烧中,各类离子含量随粒径的分布规律与开放燃烧中一致,如图 4-42 所示。其中 Cl^-、K^+ 呈现"中间波峰"的分布规律,其他离子 NO_3^-、Na^+ 均呈现"中间波谷"的分布规律。在不同秸秆燃烧产生颗粒物中检测出 K^+、Cl^- 含量差异较大,在玉米秸秆

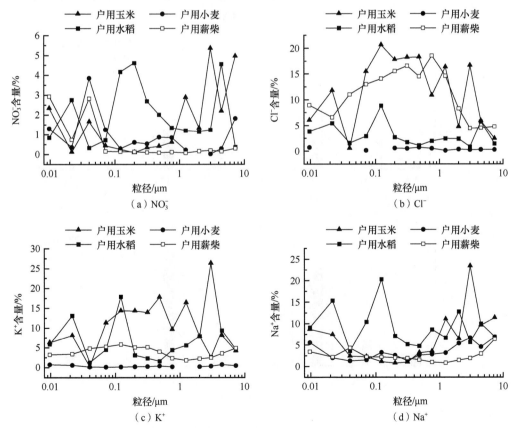

图 4-42　生物质户用燃烧各类离子组分含量粒径分布特征

中含量最高,二者含量最高分别可达到 26.34%、20.61%,最低分别为 0.19%、0.52%。同时在 14 粒径级上,二者含量同步变化。利用 SPSS 对户用燃烧中三类秸秆产生 K^+、Cl^-、NO_3^-、NH_4^+、Na^+、Mg^{2+} 等阴阳离子进行皮尔逊相关性分析,K^+、Cl^- 二者显著相关($r=0.878$,$\alpha=0.000$)。K 是植物所需的主量营养元素,Cl^- 是植物所需微量元素,二者均以离子形态被植物吸收,也一直以离子形态存在于植物体内,可推断二者是在燃烧的过程中结合为 KCl 化合物以颗粒态的形式被采集到的。在其他的研究中(Gaudichet et al.,1995;Li et al.,2003),也发现生物质燃烧产生的新鲜颗粒物中含有大量的 KCl。

各类生物质开放燃烧和户用燃烧排放 $PM_{0.1}$、$PM_{1.0}$、$PM_{2.5}$、PM_{10} 成分谱如图 4-43

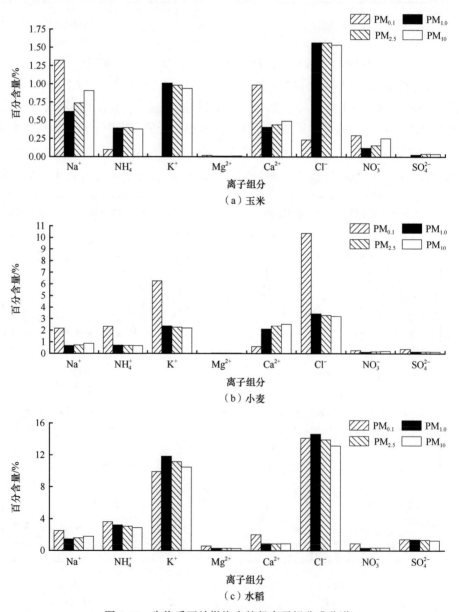

图 4-43　生物质开放燃烧多粒径离子组分成分谱

和图 4-44 所示。不同实验组样品检测出不同水平的组分含量，其中开放燃烧中的水稻秸

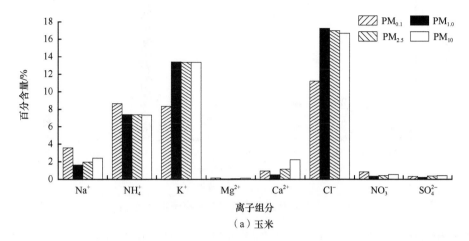

（a）玉米

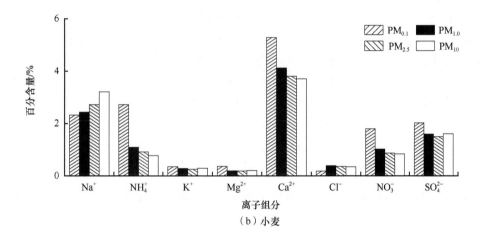

（b）小麦

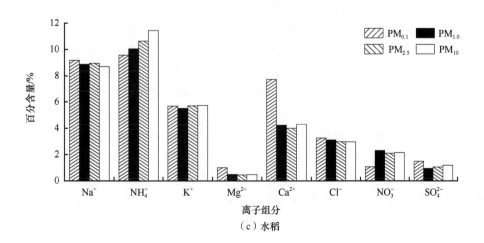

（c）水稻

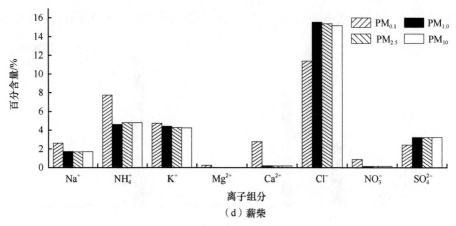

（d）薪柴

图 4-44　生物质户用燃烧多粒径离子组分成分谱

秆、户用燃烧中的玉米秸秆、水稻秸秆、薪柴四组实验中检测出离子占比总和均在 30%～40%，开放燃烧和户用燃烧中的小麦秸秆占比在 $PM_{0.1}$ 中为 15%～22%，在 $PM_{1.0}$、$PM_{2.5}$、PM_{10} 中占比为 9% 左右，开放燃烧中的玉米秸秆离子占比总和最低，仅 3%～5%。

K^+、Cl^- 是多数成分谱的主要离子，含量之和在离子总占比中多数超过 50%。K^+ 依照含量高低可分为 3 个量级：第一个量级为 9%～15%，包括开放燃烧中的水稻秸秆、户用燃烧中的玉米秸秆；第二个量级为 2%～6%，包括开放燃烧中的小麦秸秆、户用燃烧中的水稻秸秆、薪柴；第三个量级为 <1%，包括开放燃烧中的玉米秸秆、户用燃烧中的小麦秸秆。Cl^- 在各类秸秆中与 K^+ 多呈伴随关系，K^+ 含量高，Cl^- 含量则高。

开放燃烧中，各条成分谱中 NH_4^+、Ca^{2+}、Na^+ 具有一定的含量，在 0～3% 变化，SO_4^{2-}、NO_3^-、Mg^{2+} 含量较低，小于 1%。户用燃烧中，NH_4^+ 含量在水稻秸秆中达到 9%～12%，玉米秸秆中达到 7%～9%，在小麦中含量为 0～3%；Na^+、Ca^{2+} 均有一定的含量，SO_4^{2-}、NO_3^-、Mg^{2+} 含量较低。

其他文献中各类秸秆开放燃烧和户用燃烧产生 $PM_{2.5}$ 中离子含量见表 4-66 和表 4-67。K^+ 长期以来被视为生物质燃烧的特征组分，在生物质产生颗粒物排放特征研究中备受关注，本节中 K^+ 含量包括 3 个跨度，其中 9%～15%、2%～6% 与多数研究结果一致，小于 1% 的结果与 Hays 等（2005）的结果一致，可能受燃烧条件影响所致。K 是生物质维持生长发育所必需的常量营养元素，以离子的形态被植物吸收，也主要以离子的形态存在于生物体内。秦建光等（2010）的研究结果表明，在燃烧过程中，K、Cl 等元素均是随着温度上升到一定程度，以气态（主要是 KCl）的形式从燃烧灰分中析出，且温度越高，析出量越高。因而，本节中部分研究结果 K^+ 含量偏低，可能与燃烧条件有关，实验中温度不足使 K^+ 完全释放。王玉珏等（2016）、Khalil 和 Rasmussen（2003）通过不同含水量、不同温度梯度下的秸秆燃烧实验结果同样显示，温度对秸秆燃烧过程中释放 K^+、Cl^- 进入烟气有较大的影响，不同温度下排放因子的差距可能超过 10 倍。

表 4-66 其他文献中秸秆开放燃烧排放 PM$_{2.5}$ 离子组分含量

离子	小麦（Li et al.，2007）	玉米（Li et al.，2007）	玉米（王玉珏等，2016）	小麦（秦建光等，2010）	小麦（Wang et al.，2007）	水稻（Wang et al.，2007）
K$^+$	9.94±11.8	8.51±4.77	3～6	2～7	24.57±0.39	0.58±0.01
Cl$^-$	13.8±14.6	23.0±7.05	7～10	4～8	24.22±0.66	1.65±0.01
NO$_3^-$	0.24±0.21	0.60±0.23	—	—	0.29±0.01	ND
SO$_4^{2-}$	1.54±1.25	1.86±1.08			5.43±0.74	0.47±0.01
NH$_4^+$	3.69±3.33	9.97±2.30	—	—	1.78±0.19	ND

注：ND，低于检出限

表 4-67 其他文献中秸秆户用燃烧排放 PM$_{2.5}$ 离子组分含量（Gaudichet et al.，1995）

离子	小麦	小麦	玉米	薪柴	水稻	小麦	木材
K$^+$	21.88	4.08±0.52	9.08±3.54	3.58±0.78	5.07	13.4	1.05
Cl$^-$	16.85	8.11±1.53	17.02±7.21	4.74±1.09	5.58	13.36	1.45
NO$_3^-$	0.1	0.06±0.02	0.18±0.17	0.28±0.08	0.11	0.08	0.1
SO$_4^{2-}$	4.47	7.80±3.28	2.43±0.68	1.09±0.32	1.02	2.4	0.41
NH$_4^+$	0.65	4.14±2.23	3.17±0.74	0.37±0.43	0.54	1.25	0.23

同时，对同类秸秆在相同燃烧方式下产生的各粒径成分谱进行比较，开放燃烧与户用燃烧中各组分在 PM$_{1.0}$、PM$_{2.5}$、PM$_{10}$ 中含量较为接近，而三者与 PM$_{0.1}$ 中往往差异较大。就同类组分在 PM$_{1.0}$、PM$_{2.5}$、PM$_{10}$ 中相对趋势而言，Cl$^-$、NH$_4^+$、K$^+$ 均呈现随粒径增大，含量逐渐降低的趋势，NO$_3^-$、Na$^+$、Ca^{2+} 呈现随粒径逐渐升高的趋势。在户用燃烧中，PM$_{1.0}$、PM$_{2.5}$、PM$_{10}$ 中 K$^+$、Cl$^-$、NH$_4^+$ 含量多随粒径增长而降低，但同类秸秆产生的一些组分在 PM$_{1.0}$、PM$_{2.5}$、PM$_{10}$ 中含量较为接近。Oanh 等（2011）利用 MOUDI 8 级采样器获得的稻草秸秆燃烧排放 PM$_{2.5}$、PM$_{10}$ 成分谱中，K$^+$、NH$_4^+$、Cl$^-$ 含量均在 PM$_{2.5}$ 中高于 PM$_{10}$，Na$^+$、Mg^{2+}、Ca^{2+}、SO$_4^{2-}$ 含量则在 PM$_{10}$ 中高于 PM$_{2.5}$，这与本书 PM$_{2.5}$、PM$_{10}$ 成分谱中组分相对关系较为一致。

（3）无机元素

分析了玉米、小麦、水稻三类秸秆在开放燃烧和户用燃烧两种状态下，薪柴在户用燃烧状态下排放 Na、Mg、Al、Si、K、Ca、Ti、Fe、Zn、V、Cr、Mn、Ni、Cu、Pb、As 16 类无机元素在各粒径段颗粒物中的分布。部分元素低于检出限，因此以 Na、K、Ca、Zn 四类植物所需营养元素为例进行介绍。

开放燃烧结果如图 4-45 所示，各类秸秆燃烧产生各类元素组分在各粒径颗粒物中分布规律依然可分为"中间波峰"和"中间波谷"两类：K 元素明显随着粒径增长先升高后下降，呈现"中间波峰"的变化趋势，取值范围在 1%～19%；其他元素，如 Ca、Na 等均为先下降后上升，呈现"中间波谷"的变化趋势。

户用燃烧结果如图 4-46 所示，玉米秸秆和薪柴燃烧产生 Na、K、Ca、Zn 四类元素变化规律与开放燃烧中对应元素一致，其中 K 元素为"中间波峰"型分布，其他元素为"中间波谷"型分布，但含量有差异。其中标识组分 K 元素含量只有 0～8%，均低于

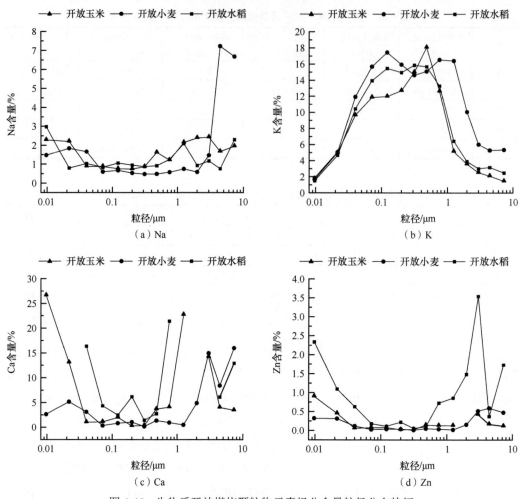

图 4-45　生物质开放燃烧颗粒物元素组分含量粒径分布特征

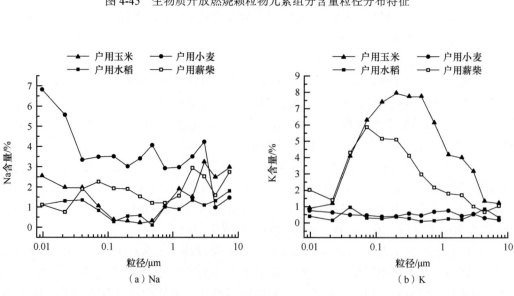

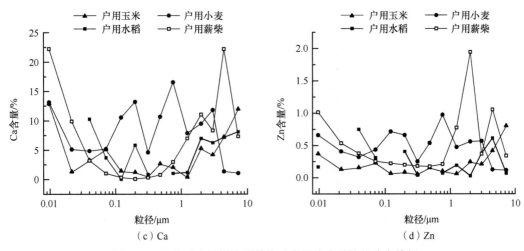

图 4-46 生物质户用燃烧颗粒物元素组分含量粒径分布特征

开放燃烧中各类秸秆产生颗粒物。小麦和水稻两类秸秆产生颗粒物中 K 含量检出率极低，均在 1% 以下，变化趋势不明显，其他元素组分随粒径的分布规律也不明显，可能与燃烧条件有关。

如图 4-47 和图 4-48 所示，K 是各类生物质开放燃烧和户用燃烧产生各粒径成分谱中的主要元素。在开放燃烧中，各类生物质产生各粒径成分谱组分含量较为一致，K 元素在各粒径成分谱中含量均在 10%~15%，明显高于其他元素。其次是 Ca 元素，含量范围为 1%~6%；Na 元素含量范围在 1% 左右。其余元素含量均较低，大量粒径段的颗粒物未检测出 Al、Ti、Pb 等元素。

在户用燃烧中，玉米秸秆、薪柴产生各粒径颗粒物成分谱中，K 元素依然是含量最高的组分，含量在 4%~7%，而在小麦、水稻两类秸秆中含量在 0.5% 左右，可能受到燃烧条件的影响。Ca、Na 含量也较高，其中 Ca 元素最高含量在小麦秸秆中可达到 10%，而在玉米、薪柴、水稻的 $PM_{1.0}$、$PM_{2.5}$、PM_{10} 含量在 1%~4%。各条成分谱中 Si、Cu、Fe、Zn、Mg 等元素也有一定含量，Al、V、Cr、Mn、Ni、Pb 等元素含量均在 0~0.02%，属于微量。

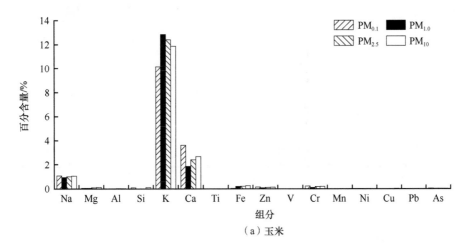

（a）玉米

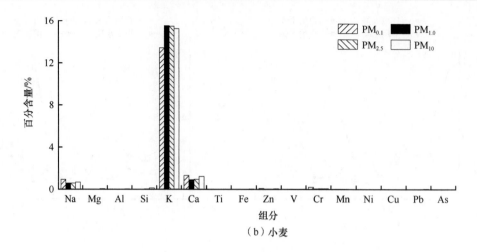

（b）小麦

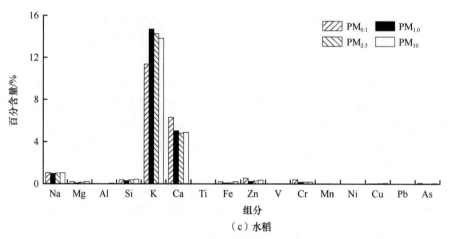

（c）水稻

图 4-47　生物质开放燃烧颗粒物无机元素成分谱

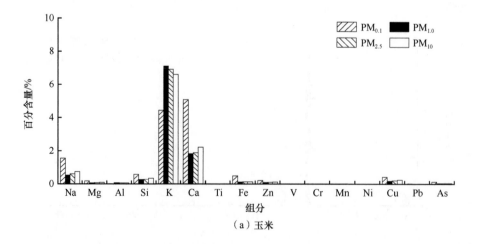

（a）玉米

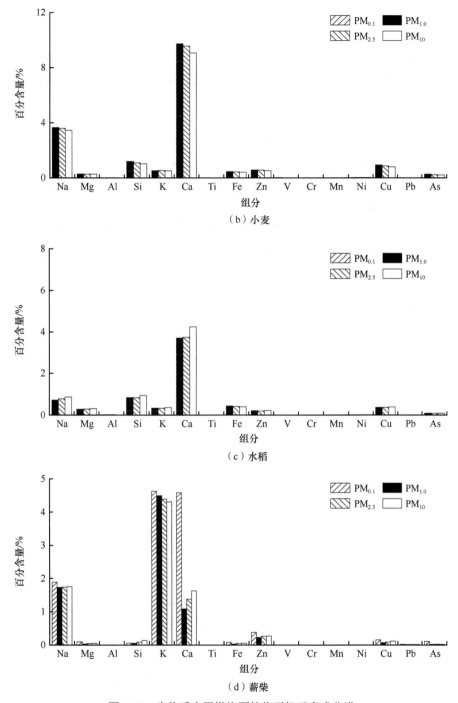

图 4-48　生物质户用燃烧颗粒物无机元素成分谱

植物富含的元素按照必需营养元素含量高低，分为常量元素和微量元素。其中 K、Si 属于常量元素，含量在植物体内仅次于 C、H、O、N，且多以离子态形式存在，较少被有机物固定；Fe、Mn、Zn、Cu、Ni 属于微量元素，具体植物略有不同，因而本书中元素含量结果基本符合植物中营养元素的分布规律。

（4）VOCs

对玉米、小麦、水稻三类秸秆和薪柴在开放燃烧和户用燃烧条件下排放的 108 种 VOCs 进行分析，共分析出检测限（2.00×10^{-4}mg/m^3）以上户用燃烧排放 VOCs 物种 35 种，开放燃烧排放 VOCs 物种 26 种。其中生物质户用燃烧排放 VOCs 中醛类较多，包括乙醛、丙烯醛、2-丁烯醛等，在三类秸秆排放 VOCs 中占比范围为 21%～25%，在薪柴排放 VOCs 中占比为 18%，而三类秸秆开放燃烧中未检测到醛类物质。开放燃烧和户用燃烧 VOCs 组成分别如图 4-49 和图 4-50 所示。开放燃烧中，三类秸秆燃烧排放 VOCs 中酯类占比为 8%～29%，而户用燃烧中酯类物质含量低于 1.5%。苯、甲苯类芳香烃是生物质燃烧中含量较为丰富的 VOCs，检测到其在各类生物质户用燃烧排放 VOCs 中含量范围为 16%～27%，高于开放燃烧（8%～28%）。各类生物质在两种燃烧方式下产生卤代烃仅检测到氯甲烷一类，其在小麦开放燃烧和薪柴户用燃烧中排放量分别为 33% 和 30%，在其余秸秆不同燃烧方式下含量范围为 4%～11%。

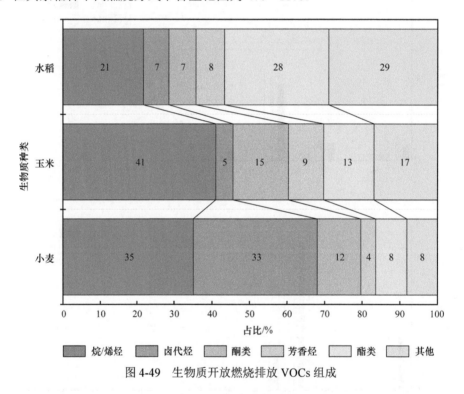

图 4-49　生物质开放燃烧排放 VOCs 组成

以各 VOCs 组分浓度相较于总 VOCs 浓度得到各类组分含量，整理成各自成分谱如图 4-51 和图 4-52 所示。三类秸秆和薪柴户用燃烧排放 VOCs 成分谱如图 4-57 所示，整体分布较为相似，丙烯、丙烯醛、丙酮、苯四类物质是主要成分，含量之和在各类生物质成分谱中均超过 50%。氯甲烷作为生物质燃烧排放 VOCs 的标识物，在玉米、小麦、水稻三类秸秆中含量不高，分别是 3.57%、9.51%、10.97%，而在薪柴占比达到 30.49%。四类生物质户用燃烧均产生极微量的烷烃，排放一定量的甲苯、乙醛、2-丁酮等。

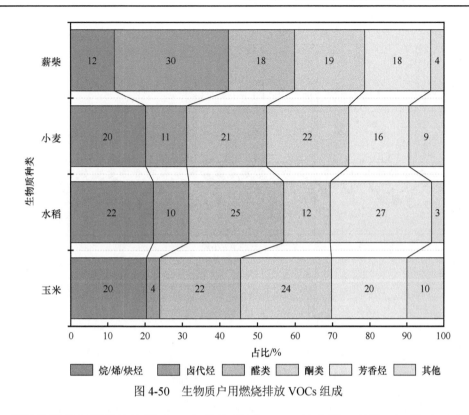

图 4-50　生物质户用燃烧排放 VOCs 组成

有研究将苯与甲苯的比值（B/T）作为指示 VOCs 的来源，高的 B/T 值（>1）可能来源于生物质燃烧、木炭或煤燃烧。本节中玉米、小麦、水稻、薪柴四类 VOCs 成分谱中 B/T 值分别为 3.38、3.39、4.03、2.55。

开放燃烧相较于户用燃烧产生 VOCs 有较大的区别，未检测到醛类物质，丙酮、苯的含量均低于户用燃烧水平。三类秸秆开放燃烧排放 VOCs 成分谱组分较为一致，丙烯依然是主要组分，在三类秸秆中含量 7.91%～19.35%，与户用燃烧较为接近。丙酮含量

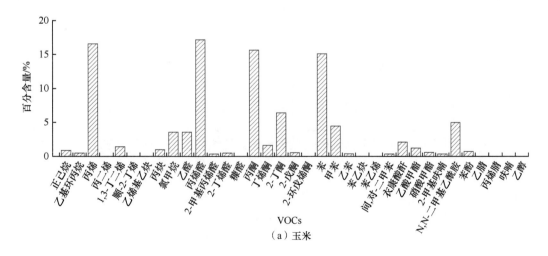

（a）玉米

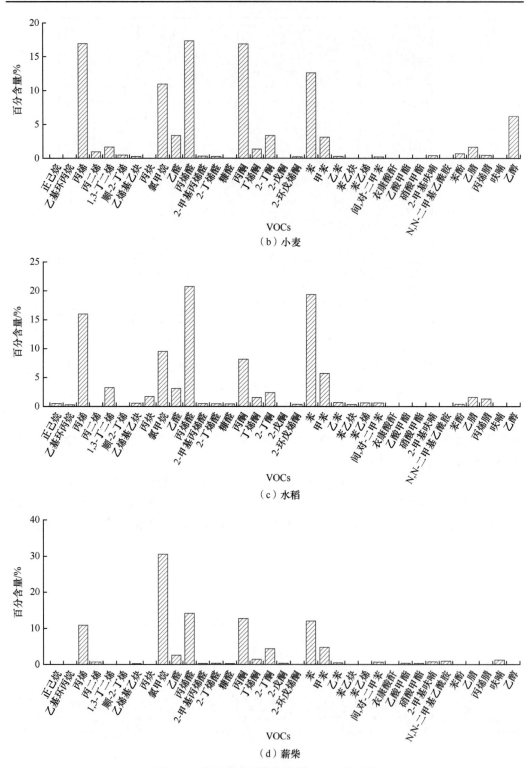

图 4-51　生物质户用燃烧排放 VOCs 成分谱

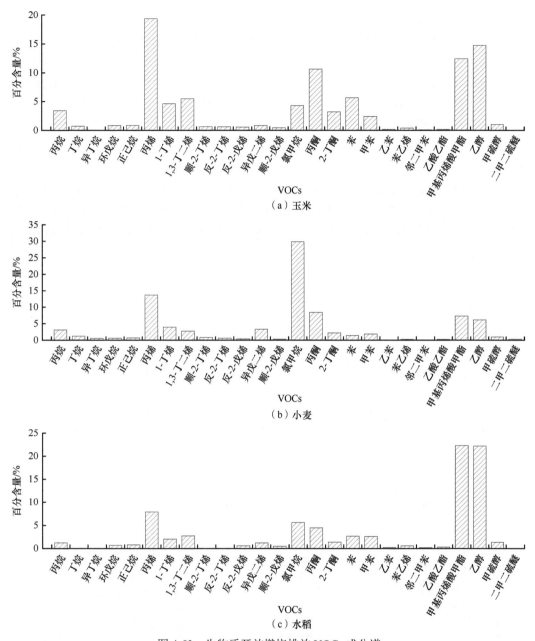

图 4-52　生物质开放燃烧排放 VOCs 成分谱

4.46%～40.65%，苯含量 1.39%～5.65%，均低于户用燃烧水平。甲基丙烯酸甲酯和乙醇含量在三类成分谱中含量较高，分别在 7.27%～22.29%、6.13%～22.19%，与户用燃烧不同。氯甲烷的含量在小麦秸秆成分谱中达到近 30%，但在玉米、水稻两类秸秆成分谱中仅有 5% 左右。

（5）其他有机分子

利用气相色谱-质谱联用仪（GC-MS）测定了小麦和水稻两种秸秆开放燃烧产生颗粒物中的 4 种甾醇类有机分子（胆固醇、菜油甾醇、豆甾醇、β-谷甾醇）和 3 种脱水糖类有机分子（甘露聚糖、半乳聚糖、左旋葡聚糖）。

水稻开放燃烧产生颗粒物中各类有机物组分子在 0.006～9.890μm 粒径段的含量分布如图 4-53 所示。可见，胆固醇、豆甾醇、β-谷甾醇、甘露聚糖四类有机物质的分布规律均是从 0.006μm 开始出现含量从高到低的指数式下降趋势，普遍在 0.257～0.382μm（第 7 级粒径段）达到波谷，之后不同有机物质含量随着粒径增长而出现不同程度回升，近似"中间波谷"型分布。通过含量可以将全部粒径级大致分为三段，首先是各类组分在 0.006～0.095μm 取得较高的组分含量，之后在 0.095～0.949μm 粒径段出现含量的波谷，而在 0.949～9.90μm 恢复到一定的水平。菜油甾醇、半乳聚糖两类有机物质在 0.006～0.016μm 粒径段含量较低，出现"偏低"的现象，后续含量随粒径的变化趋势与胆固醇、豆甾醇等物质较为一致。由于 0.006～0.016μm 粒径段本身样品中组分含量较少，其检出含量低，可能受到分析误差的影响。左旋葡聚糖分布特征与其他六类有机物质不同，

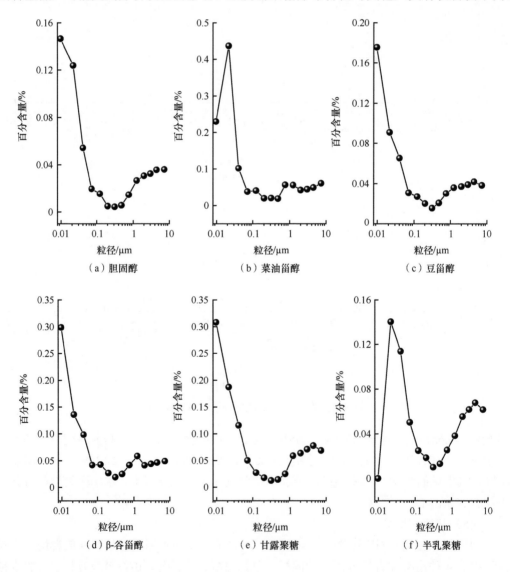

（a）胆固醇　　　　　　　（b）菜油甾醇　　　　　　　（c）豆甾醇

（d）β-谷甾醇　　　　　　（e）甘露聚糖　　　　　　　（f）半乳聚糖

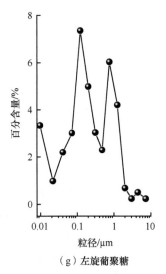

（g）左旋葡聚糖

图 4-53　水稻秸秆开放燃烧产生各类有机物含量粒径分布

近似"M"状，在中间的 0.095～0.156μm、0.603～0.949μm 粒径段出现双峰，呈现"中间波峰"型分布，且整体而言，左旋葡聚糖含量明显高于其他六类有机物质。

小麦秸秆开放燃烧产生颗粒物中各类有机物质含量随粒径分布趋势如图 4-54 所示。胆固醇、菜油甾醇、豆甾醇、甘露聚糖四类有机物质在 0.006～0.156μm 粒径段含量水平较高，这与在水稻秸秆产生颗粒物中相似，但未出现类似于水稻秸秆中明显的指数式下降。在 0.156～0.949μm 的中间粒径段，胆固醇、菜油甾醇、豆甾醇呈现波谷，而甘露聚糖出现了一个小波峰，与其他三类有所区别。在 0.949μm 之后粒径段，变化趋势与在水稻秸秆中一致。β-谷甾醇与半乳聚糖在 0.030～0.054μm 粒径段出现极高值，可能是受到分析误差的影响。左旋葡聚糖与其他六类有机物质变化趋势不同，在中间粒径段的 0.156～0.257μm、0.949～1.630μm 出现含量双波峰，这与水稻中变化趋势较为接近。可见，组分的粒径变化趋势在不同秸秆中是一致的。

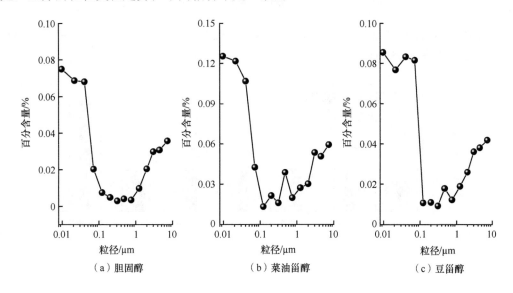

（a）胆固醇　　　　　　　　　（b）菜油甾醇　　　　　　　　　（c）豆甾醇

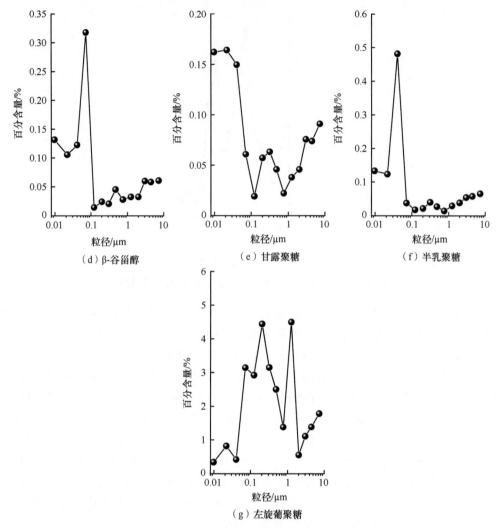

图 4-54　小麦开放燃烧产生各类有机物含量粒径分布

采用质量累加法构建的水稻、小麦两类秸秆开放燃烧产生 $PM_{0.1}$、$PM_{1.0}$、$PM_{2.5}$、PM_{10} 成分谱结果如图 4-55 所示。

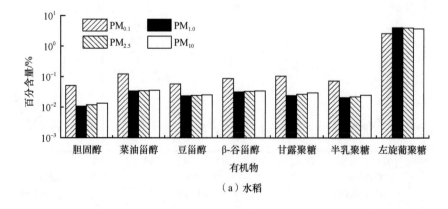

（a）水稻

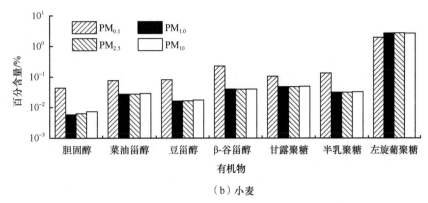

（b）小麦

图 4-55　小麦、水稻开放燃烧多粒径有机物成分谱

两类秸秆成分谱中，$PM_{0.1}$ 与 $PM_{1.0}$、$PM_{2.5}$、PM_{10} 三个成分谱有明显的含量差异。胆固醇、菜油甾醇、豆甾醇、β-谷甾醇、甘露聚糖、半乳聚糖、左旋葡聚糖六类物质在 $PM_{0.1}$ 中含量大大高于其他三个粒径，而左旋葡聚糖在 $PM_{0.1}$ 中含量明显低于其他三个粒径，趋势相反。

左旋葡聚糖含量明显高于其他组分，可作为标识组分参考。在 $PM_{0.1}$ 中，水稻、小麦两类秸秆产生的左旋葡聚糖含量分别为 2.58%、1.95%，在 $PM_{1.0}$、$PM_{2.5}$、PM_{10} 中，水稻、小麦两类秸秆产生的左旋葡聚糖含量分别为 3.74%～4.07%、2.68%～2.74%。

4.6　餐　饮　源

4.6.1　基于历史资料的餐饮源谱特征综述

我国是餐饮大国，几千年的悠久历史形成了我国丰富多元的饮食文化。近几十年来，随着改革开放与经济高速发展，我国餐饮的烹饪风格和食品原料变得更加丰富，中西方餐饮文化交汇。餐饮源排放对室内外空气质量存在影响，特别是在人口聚集地区，餐饮排放已成为局地环境尤其是室内颗粒物污染的重要来源，对人体健康存在一定负面影响。

目前餐饮源成分谱的研究较少。已有研究发现，有机物占餐饮源排放的 TSP 质量的 66.9%（Zhao et al.，2015）。OC 是主要组分，占总质量的 36.2%～42.9%，而 EC 的比例则较低。测定的几种水溶性离子在细颗粒中占比相对较低，占 $PM_{2.5}$ 总质量的 9.1%～17.5%（Anwar et al.，2004）。无机元素占 $PM_{2.5}$ 质量的 7.3%～12.0%，其在食用油和食材中的占比更大（He et al.，2004）。图 4-56 显示了包括火锅、中餐馆、烧烤和快餐在内的餐饮源排放的 $PM_{2.5}$ 化学成分谱（See et al.，2006；Taner et al.，2013；Zhang N et al.，2017）。其中，OC 是餐饮源中含量最高的组分。从元素含量看，餐饮源中平均含量最高的元素是 Ca，其次是 Si、Fe 和 Al。高含量的 Ca 和 Fe 可能来自烹饪食材和烹饪用具（See et al.，2006；Taner et al.，2013）。Taner 等（2013）在一家烧烤餐厅检测到了高浓度的 Cr，且研究表明 Cr 源自其不锈钢烤架。

作为食品和饮料行业的重要烹饪原料之一，近年来我国食用油的种类发生了变化（Pei et al.，2016）。豆油、菜籽油和花生油是大众饮食中常见的食用油，但由于消费需求的变化，其他类型的食用油，如橄榄油、山茶油和亚麻油也越来越多地应用到餐饮行业。此外，中国式烹饪的特点是高温炒菜，这种烹饪方式会比西式烹饪释放更多有机物（Zhao et al.，2007a）。

由于烹饪方式、烹饪食材、使用油品和烹饪燃料的不同，餐饮排放的 PM$_{2.5}$ 的化学特征存在较大差异（He et al.，2004；Zhao et al.，2007a；Hou et al.，2009；Zhao et al.，2015；Pei et al.，2016）。Robinson 等（2006）发现，使用不同餐饮源谱进行化学质量平衡模型的计算时，结果中 OC 对 PM$_{2.5}$ 的贡献存在较大的差异。

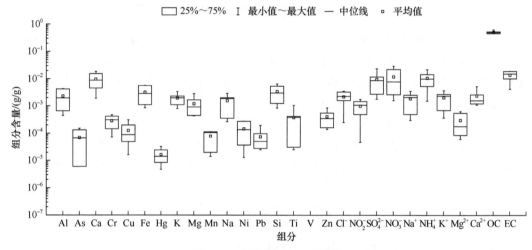

图 4-56　餐饮源 PM$_{2.5}$ 成分谱

数据来源：南开大学大气污染源数据库；Zhang N et al.，2017a；See et al.，2006；Taner et al.，2013

有机物是餐饮活动排放 PM$_{2.5}$ 中的主要组分（He et al.，2004；Hou et al.，2009；Pei et al.，2016）。许多有机化合物，如烷烃、二羧酸、多环芳烃、饱和脂肪酸和不饱和脂肪酸已在上述的研究中进行了定量分析。图 4-57 显示了居民烹饪（Zhao et al.，2015）和商业烹饪（Pei et al.，2016）主要有机物的占比。在量化的有机物中，主要种类是不饱和脂肪酸（27.1%~57.6%），其次是饱和脂肪酸（30.3%~48.6%）。

除了生物质燃烧，在民用散煤燃烧和各种中式、西式的烹饪排放中也发现了左旋葡聚糖（He et al.，2004；Zhao et al.，2007a，2007b；严沁等，2017）。Pei 等（2016）发现，意式烹饪释放出的单糖酸酐最少但胆固醇最多，这可能是因为与中式烹饪食材相比，意式烹饪食材的蔬菜比例更低。马来西亚的餐饮释放的多环芳烃浓度高于中国和印度（See et al.，2006）。由于较高的温度和烹饪过程中使用了较多的油量，油炸比其他烹饪方式释放出的多环芳烃更多。已有研究表明，用于餐饮源的分子标识物包括左旋葡聚糖、半乳糖和胆固醇（He et al.，2004；Zhao et al.，2007a，2007b），并且胆固醇可被视为肉类烹饪的最佳标识物（Schauer et al.，1999，2002；Schauer and Cass，2000）。

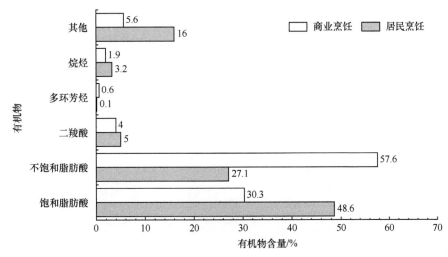

图 4-57　居民烹饪和商业烹饪排放中主要有机物含量

4.6.2　餐饮源综合理化特征研究

4.6.2.1　样品采集信息

基于各餐馆菜系的烹饪特点，选取火锅、烧烤、食堂、中餐馆、综合餐饮企业等类别，另增加居民家庭烹饪油烟的采集，每个类别选取 1～3 个点位采集，采样点位和样品数量信息见表 4-68。

表 4-68　采样点位和样品数量信息

类别	数量	烹饪特点	燃料	净化设备	区域	采样时间
居民	1	以炒、煎、煮为主，口味适宜	天然气	—	天津	2018 年 1 月 11 日
火锅	2	以煮为主	—	—	成都	2018 年 1 月 12 日
烧烤	1	烤制烹饪、油重、味浓、配料多	木炭	—	成都	2018 年 1 月 25 日
食堂	1	炒、蒸、主食炒菜较为均衡	天然气	等离子臭氧	成都	2018 年 1 月 9 日
中餐馆	3（A/B/C）	蒸、炒、炖、酱等大众菜馆	天然气	静电除尘	成都	2018 年 1 月 20 日
					武汉	2018 年 5 月 21 日
综合餐饮企业	2（A/B）	炒、炸、煎、烤、煮等形式多样	天然气	静电除尘	武汉	2018 年 5 月 21 日

选取代表性点位原则如下：①点位周边无其他明显污染源；②选取的餐饮单位要具备对应类别中的烹饪特点；③所选餐饮单位需要具备足够的采样空间和电力供给等。

餐饮源采样原理设计如图 4-58 所示。

4.6.2.2　结果与讨论

（1）常规化学组成

餐饮源排放的 $PM_{2.5}$ 和 PM_{10} 中，含碳组分含量最为丰富，无机元素与水溶性离子含

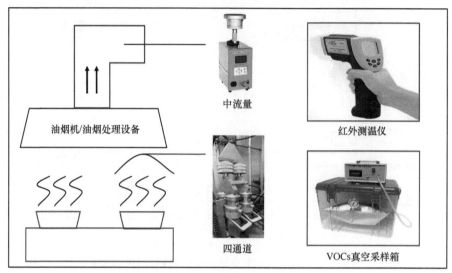

图 4-58 餐饮源采样原理设计

量较低。其中，无机元素占比见表 4-69 和表 4-70。总体来看，六种餐饮类型排放的颗粒物中，无机元素加和在 PM$_{2.5}$ 中占比为 0.80%～5.66%，在 PM$_{10}$ 中占比为 0.58%～3.08%，含量较高的为 Ca、Fe、Si、Al、K、Mg、Na 等组分。居民、烧烤和综合餐饮企业元素占比较低，在 PM$_{2.5}$ 中，三者元素占比为 0.80%～0.99%，在 PM$_{10}$ 中占比为 0.58%～1.73%。火锅和食堂中元素占比较高，火锅排放的 PM$_{2.5}$ 中元素占比总和为 5.66%；食堂排放的 PM$_{2.5}$ 中元素占比总和为 5.35%。

表 4-69　餐饮源排放 PM$_{2.5}$ 中无机元素占比　　　　　　（单位：%）

元素	居民	火锅	烧烤	食堂	中餐馆			综合餐饮企业	
					中餐馆 A	中餐馆 B	中餐馆 C	综合餐饮 A	综合餐饮 B
Al	0.14	0.59	0.09	0.43	0.19	0.05	0.05	0.01	0.03
As	—	0.02	0	0.01	0.01	—	—	—	—
Ca	0.10	1.53	0.30	1.85	0.68	0.47	2.36	0.64	0.54
Cd	0	0	0	0	0	—	—	—	—
Cr	0.01	0.04	0.01	0.05	0.04	0.01	0.02	0	0.01
Co	—	—	0	—	—	—	—	—	—
Cu	0.01	0.04	0.01	0.02	0.01	0.01	0.01	0	0
Fe	0.03	0.50	0.05	0.56	0.57	0.34	0.18	0.02	0.07
Hg	—	0	0	0	0	—	—	—	—
K	0.17	0.31	0.18	0.33	0.19	0.09	0.07	0.03	0.14
Mg	0.02	0.23	0.03	0.28	0.11	0.05	0.06	0.01	0.01
Mn	0	0.01	0	0.01	0.01	0.02	0.01	0	0
Na	0.25	0.25	0.07	0.29	0.20	0.04	0.03	0.04	0.03
Ni	—	0.03	0	0.03	0.03	0.01	0.01	0	0
Pb	0	0.01	0	0.02	0.01	—	—	—	—
S	0.11	1.31	0.17	0.66	1.09	—	—	—	—
Si	0.08	0.68	0.07	0.65	0.30	0.19	0.12	0.03	0.04

续表

元素	居民	火锅	烧烤	食堂	中餐馆			综合餐饮企业	
					中餐馆 A	中餐馆 B	中餐馆 C	综合餐饮 A	综合餐饮 B
Ti	0	0.06	0	0.10	0.04	0	0	0	0
V	—	—	0	—	—	—	—	—	—
Zn	0.01	0.05	0.01	0.06	0.04	0.23	0.08	0.02	0.02
合计	0.93	5.66	0.99	5.35	3.52	1.51	3.00	0.80	0.89

表 4-70　餐饮源排放 PM_{10} 中无机元素占比　（单位：%）

元素	居民	烧烤	中餐馆		综合餐饮企业	
			中餐馆 B	中餐馆 C	综合餐饮 A	综合餐饮 B
Al	0.08	0.10	0.08	0.05	0.01	0.06
As	—	0	—	—	—	—
Ca	0.10	0.31	1.75	1.70	0.45	1.05
Cd	—	0	—	—	—	—
Cr	0	0	0.02	0.02	0	0.01
Co	—	0	—	—	—	—
Cu	0.01	0.01	0.01	0.01	0	0.01
Fe	0.03	0.03	0.46	0.18	0.02	0.17
Hg	—	0	—	—	—	—
K	0.16	0.23	0.11	0.07	0.02	0.18
Mg	0.03	0.05	0.08	0.05	0.01	0.04
Mn	0	0	0.03	0.01	0	0.01
Na	0.26	0.15	0.04	0.03	0.04	0.04
Ni	0	—	0.01	0.01	0	0.01
Pb	0	0	—	—	—	—
S	0.09	0.13	—	—	—	—
Si	0.06	0.06	0.30	0.10	0.02	0.11
Ti	0	0	0.01	0	0	0
V	0	0	—	—	—	—
Zn	0.01	0.01	0.18	0.06	0.01	0.04
合计	0.83	1.08	3.08	2.29	0.58	1.73

　　餐饮源排放的 $PM_{2.5}$ 和 PM_{10} 中的水溶性离子占比见表 4-71 和表 4-72。总体来看，六种餐饮类型排放的颗粒物中，水溶性离子加和在 $PM_{2.5}$ 中的占比为 0.85%～12.35%，在 PM_{10} 中的占比为 0.56%～3.24%，含量较高的为 NO_3^-、SO_4^{2-}、NH_4^+、Cl^- 等组分，有研究表明，NO_3^- 可能来自天然气燃烧时产生的高温环境，天然气中微量的氮杂质及空气中的氮气在高温条件下氧化生成 NO_x。火锅排放的 $PM_{2.5}$ 中水溶性离子占比最高，为 12.35%，其次为中餐馆 B（8.53%）和中餐馆 A（6.11%）。食堂排放的 $PM_{2.5}$ 中水溶性离子占比总和为 4.70%。烧烤、综合餐饮 A 和综合餐饮 B 排放的颗粒物中水溶性离子含量偏低，在 $PM_{2.5}$ 和 PM_{10} 中占比分别为 1.66%～3.65%、0.56%～2.74%。而居民最低，其排放的 $PM_{2.5}$ 和 PM_{10} 中水溶性离子占比总和分别为 0.85%、1.59%。

表 4-71　餐饮源排放 $PM_{2.5}$ 中水溶性离子占比　　　　（单位：%）

离子	居民	火锅	烧烤	食堂	中餐馆			综合餐饮企业	
					中餐馆 A	中餐馆 B	中餐馆 C	综合餐饮 A	综合餐饮 B
F^-	0.11	—	0.06	—	—	0.03	0.01	0.01	0.02
Cl^-	0.03	0.21	0.25	0.35	0.32	0.47	0.16	0.62	0.13
NO_2^-	0.09	0.25	0.04	0.09	0.12	0.09	0.02	0.05	0.02
Br^-	0	—	0	—	—	0	0	0	0
NO_3^-	0.07	4.18	0.22	1.19	2.23	1.57	0.68	0.63	0.40
PO_4^{3-}	0	—	0.02	—	—	0.11	0.02	0.01	0.03
SO_4^{2-}	0.17	3.36	0.26	1.02	1.17	2.58	0.47	1.07	0.30
Na^+	0.05	0.27	0.09	0.25	0.35	0.04	0.01	0.02	0.01
NH_4^+	0.29	3.11	0.37	1.01	1.47	2.65	0.71	1.19	0.67
K^+	0.01	0.50	0.26	0.20	0.27	0.02	0.01	0.05	0
Mg^{2+}	0.01	0.09	0.01	0.06	0.02	0.03	0	0	0
Ca^{2+}	0.02	0.38	0.11	0.53	0.16	0.94	0	0	0.08
合计	0.85	12.35	1.69	4.70	6.11	8.53	2.09	3.65	1.66

表 4-72　餐饮源排放 PM_{10} 中水溶性离子占比　　　　（单位：%）

离子	居民	烧烤	中餐馆		综合餐饮企业	
			中餐馆 B	中餐馆 C	综合餐饮 A	综合餐饮 B
F^-	0.07	0.13	0.01	0.01	0	0.01
Cl^-	0.28	0.37	0.20	0.20	0.23	0.23
NO_2^-	0.07	0.09	0.08	0.01	0.04	0.01
Br^-	0	0	0	0	0	0
NO_3^-	0.27	0.24	0.79	0.14	0.54	0.11
PO_4^{3-}	0	0.08	0.05	0.01	0.01	0.02
SO_4^{2-}	0.19	0.57	0.67	0.11	0.26	0.08
Na^+	0.18	0.21	0.02	0.02	0.01	0.02
NH_4^+	0.34	0.71	1.16	0.11	0.21	0.06
K^+	0.13	0.21	0.01	0	0.01	0
Mg^{2+}	0.01	0.02	0.01	0	0.01	0
Ca^{2+}	0.05	0.11	0.24	0.01	0.18	0.02
合计	1.59	2.74	3.24	0.62	1.50	0.56

餐饮源排放的 $PM_{2.5}$ 和 PM_{10} 中碳组分占比最高，其结果见表 4-73 和表 4-74。总体来看，6 种餐饮类型排放的颗粒物中，碳组分加和在 $PM_{2.5}$ 中的占比为 44.30%～56.18%，在 PM_{10} 中的占比为 46.21%～66.65%。餐饮源排放的碳组分以 OC2 和 OC3 为主，达到 TC 排放的 60.00%～80.33%，但不同餐饮源排放颗粒物碳组分存在差异。烧烤排放颗粒物中碳组分占比最高，$PM_{2.5}$ 和 PM_{10} 中碳组分占比总和分别为 56.42%、66.65%，其次为综合餐饮 B，排放的 $PM_{2.5}$ 和 PM_{10} 中碳组分占比总和分别为 56.18%、55.11%，火锅排放颗粒物中碳组分含量最低，$PM_{2.5}$ 中碳组分占比总和为 44.30%。居民和食堂排放的 $PM_{2.5}$ 中碳组分含量分别为 55.87% 和 55.78%。中餐馆（A、B、C）排放的 $PM_{2.5}$ 和 PM_{10}

中碳组分占比分别在 48.56%～53.72%和 50.59%～51.54%。

表 4-73 餐饮源排放 PM$_{2.5}$中碳组分占比 （单位：%）

碳组分	居民	火锅	烧烤	食堂	中餐馆			综合餐饮企业	
					中餐馆 A	中餐馆 B	中餐馆 C	综合餐饮 A	综合餐饮 B
OC	53.91	41.67	55.41	54.08	46.64	48.95	51.71	49.96	54.73
EC	1.96	2.63	1.01	1.70	1.92	1.41	2.01	0.78	1.45
OC1	5.30	8.30	14.84	5.99	8.54	—	—	—	—
OC2	14.83	8.45	23.25	19.52	11.38	—	—	—	—
OC3	30.05	18.13	14.05	24.53	22.09	—	—	—	—
OC4	1.62	3.33	0.84	2.28	2.28	—	—	—	—
EC1	3.66	5.21	3.20	2.73	3.68	—	—	—	—
EC2	0.29	0.87	0.16	0.58	0.51	—	—	—	—
EC3	0.14	0	0.08	0.16	0.07	—	—	—	—
TC	55.87	44.30	56.42	55.78	48.56	50.36	53.72	50.74	56.18
OC/EC	27.51	15.84	54.86	31.81	24.29	34.72	25.73	64.05	37.74

表 4-74 餐饮源排放 PM$_{10}$中碳组分占比 （单位：%）

碳组分	居民	烧烤	中餐馆		综合餐饮企业	
			中餐馆 B	中餐馆 C	综合餐饮 A	综合餐饮 B
OC	45.42	65.05	49.35	49.96	45.54	53.60
EC	1.21	1.60	1.24	1.58	0.67	1.51
OC1	3.94	3.93	—	—	—	—
OC2	9.85	26.95	—	—	—	—
OC3	28.71	26.19	—	—	—	—
OC4	0.97	3.59	—	—	—	—
EC1	2.87	5.16	—	—	—	—
EC2	0.19	0.47	—	—	—	—
EC3	0.10	0.36	—	—	—	—
TC	46.63	66.65	50.59	51.54	46.21	55.11
OC/EC	37.54	40.66	39.80	31.62	67.97	35.50

如表 4-73 所示，在各餐饮源排放的 PM$_{2.5}$中，OC 含量为 41.67%～55.41%，烧烤排放 OC 含量最高，火锅最低；EC 含量为 0.78%～2.63%，火锅排放 EC 含量最高，烧烤最低。在各餐饮源排放的 PM$_{10}$中，OC 含量为 45.42%～65.05%，烧烤排放 OC 含量最高，居民最低；EC 含量为 0.67%～1.60%，烧烤排放 EC 含量最高，综合餐饮 A 最低。

餐饮源中碳组分的 OC 含量高，可能是因为食材中肉类含有较多脂肪，同时食用油中含有较多的多链烷酸酯，在高温下易被氧化，释放各种有机物（Rogge et al.，1991；Schauer et al.，2002）。而餐饮源中 EC 含量较低，原因是 EC 主要由生物质燃料、化石燃料等不完全燃烧生成，燃料种类、燃烧温度等因素都会对其含量造成影响，本节中使用的天然气属于清洁燃料，燃烧产生 EC 含量较低（Hildemann et al.，1991），烧烤中使用的木炭，在烹饪过程中温度较高，供氧量充足，燃烧充分，排放 EC 也较少（Pandey et al.，2009）。

从其他源类来看，在 4.1.1.3 节中电厂燃煤源排放颗粒物中 OC 含量为 2.05%~35.44%；在 4.5.3 节中生物质户用燃烧排放颗粒物的 OC 含量范围为 7%~34%，低于餐饮源，这可能与燃烧过程有关。温度越高，生物质中有机物分解产生 OC 越快越彻底，在氧气充足且扩散条件差的条件下，燃烧程度高，餐饮源燃烧温度偏低，OC 排放量高。

OC/EC 常被用于碳质颗粒物的源识别，不同源类 OC/EC 存在较大差异（杨国威等，2018）。如表 4-73 和表 4-74 所示，餐饮源 OC/EC 在 15.84~67.97，其中火锅比值较低，为 15.84，而烧烤比值较高，范围在 40.66~54.86。相比其他源类，无烟煤燃烧为 4.40~6.63（田杰，2016），生物质开放燃烧为 5.03~11.28，户用燃烧为 0.88~12（唐喜斌等，2014；田杰，2016），表明一定程度上较高的 OC/EC 可以表征餐饮源。

（2）其他有机物特征

A. 多环芳烃

如图 4-59 所示，各类型餐饮源 $PM_{2.5}$ 中 PAHs 平均浓度为 0.0393~1.6118μg/m³，占 $PM_{2.5}$ 质量浓度的 0.01%~0.23%。与文献相比（See et al.，2006），马来西亚菜占 0.25%，中餐占 0.07%，印度菜占 0.02%。居民模拟实验中使用四通道和中流量测得的居民厨房空气背景 $PM_{2.5}$ 中 PAHs 质量浓度是 0.106~0.148.9μg/m³。与王桂霞等（2013）报道的环境 $PM_{2.5}$ 中 PAHs 质量浓度（0.054~0.070μg/m³）相比，餐饮排放颗粒物中 PAHs 质量浓度是居民背景值的 1.07~12.10 倍，是环境空气的 2.20~25.70 倍。可见，餐饮源排放 PAHs 对室内空气及环境大气均有一定程度的影响。

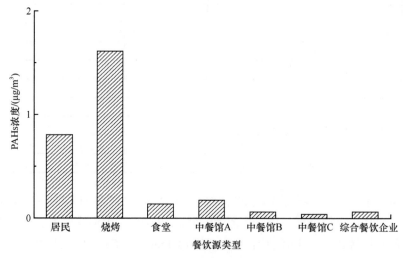

图4-59　各餐饮源 PAHs 质量浓度

如图 4-60 所示，在各类餐饮源排放的 PAHs 中芴、菲、荧蒽、芘质量分数普遍较高，分别为 2.31%~9.83%、14.06%~36.98%、7.08%~21.83%、6.36%~17.08%。

餐饮源颗粒物 PAHs 中各环分布情况如表 4-75 所示，3 环和 4 环占比较高，分别为 26.36%~59.59%、15.33%~45.52%，5 环和 6 环占比偏低，分别为 7.67%~20.71%、3.20%~17.20%。PAHs 气固分配主要与温度和 PAHs 相对分子量有关，温度较高时颗粒相的轻组分容易挥发，向气相转化，故颗粒态样品中较难检测到 2 环 PAHs 的存在，而重组分受温度影响较小，不易挥发，易停留在颗粒相中。

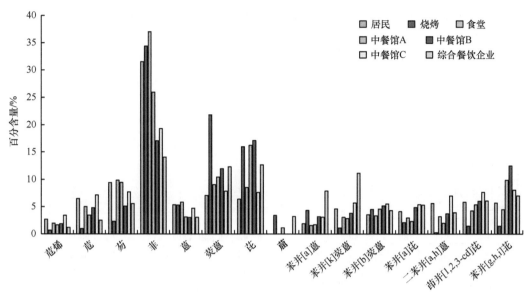

图 4-60　各餐饮源 PAHs 百分含量

表 4-75　各餐饮源 PAHs 环数分配　　　　　　　　（单位：%）

环数	居民	烧烤	食堂	中餐馆			综合餐饮企业
				中餐馆 A	中餐馆 B	中餐馆 C	
3 环	55.37	43.61	59.59	43.62	41.82	42.25	26.36
4 环	15.33	45.52	19.16	29.50	32.21	26.58	42.04
5 环	12.23	7.67	9.34	9.68	13.80	16.52	20.71
6 环	17.07	3.20	11.90	17.20	12.17	14.66	10.89

　　不同种类餐饮源中环数的分布特征各有差异。综合餐饮企业排放的 PAHs 中 4 环占比最高，其次为 3 环，中餐馆 B 和烧烤中 3 环相近，居民、食堂、中餐馆 A 和中餐馆 C中均为 3 环最高。

　　B. 挥发性有机物

　　餐饮源排放烟气 VOCs 中，主要为烷烃、烯烃、卤代烃、芳香烃、酮类和酯类等。除炭烤外，餐饮源排放 VOCs 中烷烃、芳香烃和酯类占比较高，达到 69.24%～84.29%。与其他源类相比，玉米、小麦、水稻三类生物质秸秆户用燃烧时，排放的 VOCs 中醛类较多，包括乙醛、丙烯醛、2-丁烯醛等，占比达 21%～25%，在 4.5.3 节中薪柴燃烧排放醛类占比为 18%，低于炭烤排放 VOCs，但均高于其他类型餐饮源（炒、煎、炸）。溶剂使用源中（家具喷涂、汽车喷涂、印刷、制鞋）含氧 VOCs 较多，为酮类、酯类（Anwar et al.，2004）。

　　不同烹饪方式餐饮源排放的烟气 VOCs 成分谱如图 4-61 所示。可以看出，炒、煎、炸类整体分布较为相近，与炭烤差异较大。前三者中丙烷、戊烷、异戊烷等烷烃类，苯系物，酮类及乙酸乙酯、甲基丙烯酸甲酯等酯类含量较多。炭烤中丙烯醛为含量最高成分，占比达 44.17%;其次为丙烯、1-丁烯等烯烃类及芳香烃组分。与其他源类相比,在 4.5.3 节中生物质燃烧排放 VOCs 中丙烯、丙烯醛、丙酮、苯四类物质是主要成分,含量之和在各类生物质 VOCs 成分谱中均超过 50%,炭烤与生物质燃烧排放 VOCs 组分含量相近。

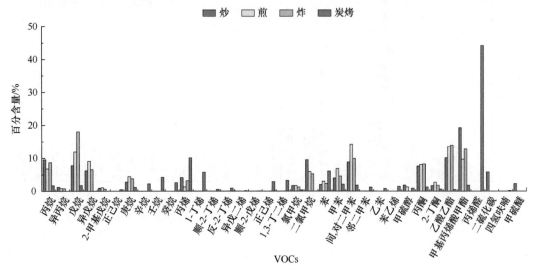

图 4-61　不同烹饪方式餐饮源排放的烟气 VOCs 成分谱

如图 4-62 所示,从不同食材种类来看,蔬菜较其他种类,酯类含量最高,为 36.31%;其他组分(包括二硫化碳、四氢呋喃、甲硫醚等)占比较高,为 8.91%。豆制品较其他种类,芳香烃占比较高,为 16.85%。肉类中,烷烃和酮类为含量最丰富的组分,分别为 35.23% 和 21.31%,丙烷及丙烯的含量也较高。戊烷、异戊烷、间,对二甲苯和乙酸乙酯在三种食材中含量相近。蔬菜中甲基丙烯酸甲酯高于其他食材,二硫化碳和甲硫醚含量也较高。

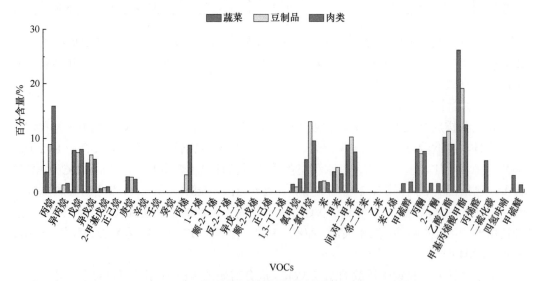

图 4-62　不同食材种类餐饮源排放的烟气 VOCs 成分谱

如图 4-63 所示,从不同食用油种类来看,菜籽油较其他食用油烯烃含量最高,为

5.07%。调和油较其他食用油酯类和芳香烃占比较高，分别为 32.30%和 19.29%。花生油中，烷烃为含量最为丰富的组分，为 53.33%；烯烃和卤代烃含量偏低，分别为 2.66%和 4.36%。花生油中排放的烷烃中戊烷含量远高于其他两种食用油。调和油和菜籽油中二氯甲烷、苯、甲苯、间，对二甲苯、丙酮、甲基丙烯酸甲酯含量相近，高于花生油。

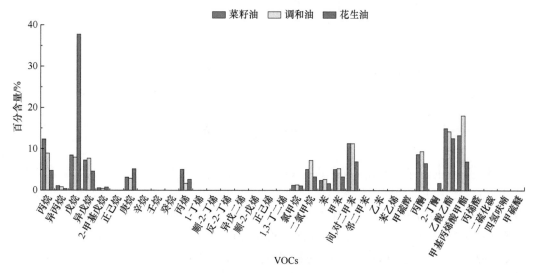

图 4-63 不同食用油种类餐饮源排放的烟气 VOCs 成分谱

利用苯/甲苯来指示初步判定 VOCs 的来源，如表 4-76 所示。Liu 等（2008）认为当苯/甲苯高于 1 时，表明 VOCs 可能是来源于生物质燃烧、木炭或煤燃烧。在 4.5.3 节中生物质源排放 VOCs 中，玉米、小麦、水稻、薪柴的苯/甲苯分别为 3.38、3.39、4.03、2.55。从餐饮源排放 VOCs 来看，炭烤苯/甲苯为 2.96，其他餐饮源排放苯/甲苯范围为 0.44～0.53，与生物质源存在一定差异，这一定程度上可以表征餐饮源排放特征。

表 4-76 餐饮源排放 VOCs 中苯/甲苯比值

影响因素	类型	苯/甲苯
不同烹饪方式	炒	0.50
	煎	0.44
	炸	0.49
	炭烤	2.96
不同食材种类	蔬菜	0.52
	豆制品	0.46
	肉类	0.53
不同食用油种类	菜籽油	0.48
	调和油	0.50
	花生油	0.50

总体来看，餐饮源排放颗粒物 $PM_{2.5}$ 和 PM_{10} 源谱特征（实际餐饮点位）均表现为碳组分含量最高，占比为 44.30%～56.18%、46.21%～66.65%；其次是水溶性离子（0.85%～

12.35%、0.56%～3.24%）和无机元素（0.80%～5.66%、0.58%～3.08%）。其中，主要组分为 OC、EC、Ca、NH_4^+、SO_4^{2-}、NO_3^-、Cl^-、Na^+、K^+；OC 含量最高，$PM_{2.5}$ 和 PM_{10} 中分别为 41.67%～55.41%、45.42%～65.05%，且以 OC2 和 OC3 为主；OC/EC 分别为 15.84～64.05、31.62～67.97。

一些 PAHs、VOCs 可以用来表征餐饮源谱：

1）餐饮源颗粒物 PAHs 中，3 环和 4 环占比较高，芴、菲、荧蒽、芘质量分数普遍较高。

2）餐饮源排放的 VOCs 以烷烃、芳香烃和酯类为主；烧烤（炭烤）与生物质燃烧排放 VOCs 组分含量相近；苯/甲苯为 0.44～0.53，与其他源类有明显区别。

4.7 碳同位素

对采集到的污染源 $PM_{2.5}$ 样品进行 OC 和 EC 的碳同位素组成测定，结果见表 4-77。焦化尘的 OC 和 EC 的碳同位素组成分别为 -23.229‰和 -22.678‰；电厂煤烟尘的 OC 和 EC 的碳同位素组成分别为 -24.012‰和 -22.910‰；钢铁尘的 OC 和 EC 的碳同位素组成分别为 -23.142‰和 -23.664‰；成品水泥 OC 和 EC 的碳同位素组成分别为 -26.013‰和 -22.359‰；生物质尘的 OC 和 EC 的碳同位素组成分别为 -24.969‰和 -21.576‰；餐饮油烟的 OC 和 EC 的碳同位素组成分别为 -30.250‰和 -21.600‰。

张建强等（2012）对太原煤烟尘的研究结果表明，$\delta^{13}C_{OC}$ 为 -26.5‰，$\delta^{13}C_{EC}$ 为 -23.2‰，与本节中电厂煤烟尘的碳同位素结果类似，但与本节中 $\delta^{13}C_{OC}$ 的值相比更偏负。汽油（92#）的 OC 和 EC 的碳同位素组成分别为 -23.403‰和 -24.621‰，柴油的 OC 和 EC 的碳同位素组成分别为 -24.882‰和 -26.970‰。刘刚等（2008）对汽车尾气有机碳和元素碳的稳定同位素组成研究显示，汽油车尾气颗粒物的 $\delta^{13}C_{EC}$ 为 -25.8‰，柴油车尾气颗粒物的 $\delta^{13}C_{EC}$ 为 -26.5‰，与本节结果基本吻合；但汽油车尾气（$\delta^{13}C_{OC}$ 为 -31.6‰）和柴油车尾气（$\delta^{13}C_{OC}$ 为 -30.2‰）的有机碳同位素组成和本节研究结果差异较大，可能是由油品与具体燃烧环境的差异导致的。

表 4-77 不同污染源 OC/EC 的 $\delta^{13}C$ 值统计结果 （单位：‰）

源类	污染源样品	$\delta^{13}C_{OC}$	$\delta^{13}C_{EC}$
电厂燃煤源	电厂煤烟尘	-24.012	-22.910
工艺过程源	钢铁尘	-23.142	-23.664
	水泥厂成品	-26.013	-22.359
	水泥厂窑头	-22.533	-19.140
	水泥厂窑尾	-24.708	-22.62
	焦化尘	-23.229	-22.678
生物质燃烧源	生物质尘	-24.969	-21.576
移动源	汽油（92#）	-23.403	-24.621
	柴油	-24.882	-26.970
其他源	餐饮油烟	-30.250	-21.600

4.8　铅同位素

　　大气中的铅主要存在于颗粒物中，其来源多样，主要有燃煤排放、有色冶金（原料和加工业）、其他工业排放、机动车尾气、土壤扬尘等。铅有 4 种稳定同位素，分别是 ^{204}Pb、^{206}Pb、^{207}Pb、^{208}Pb，只有 ^{204}Pb 是非放射性成因，而其他 3 种是 ^{238}U、^{235}U 和 ^{232}Th 放射性衰变的产物。不同来源的铅同位素丰度比不同，因此可以把铅的同位素丰度比作为一种指纹技术来研究铅污染的来源及其贡献，一般选择精度较好的 $^{206}Pb/^{207}Pb$ 和 $^{208}Pb/^{207}Pb$。

　　不同源类 Pb 同位素分析结果如表 4-78～表 4-80 所示。民用燃煤源 14 粒径级样品的 $^{206}Pb/^{207}Pb$ 丰度比的范围为 1.143～1.154；生物质燃烧源 $^{206}Pb/^{207}Pb$ 丰度比范围为 1.133～1.148，工艺过程源中，水泥窑炉 $^{206}Pb/^{207}Pb$ 丰度比范围为 1.136～1.146；钢铁烧结过程 $^{206}Pb/^{207}Pb$、$^{208}Pb/^{207}Pb$ 丰度比的范围分别为 1.172～1.197、2.445～2.449；燃煤电厂 $^{206}Pb/^{207}Pb$、$^{208}Pb/^{207}Pb$ 分别为 1.142～1.173、2.436～2.453；燃煤热力厂 $^{206}Pb/^{207}Pb$、$^{208}Pb/^{207}Pb$ 分别为 1.134～1.157、2.444～2.458；餐饮源 $^{206}Pb/^{207}Pb$、$^{208}Pb/^{207}Pb$ 分别为 1.124～1.146、2.409～2.431。可以看到，不同来源的样品中 Pb 同位素比值存在明显差别，这可能是由燃料、生产过程、除污设施等不同造成的，而不同源类排放的颗粒物 Pb 同位素比差异最终造成了大气样品中 Pb 同位素差异，使得利用 Pb 同位素比值溯源是可行的。

表 4-78　各源类 $^{206}Pb/^{207}Pb$ 同位素数据结果

粒径范围/μm	民用燃煤	生物质	工艺过程源（水泥）	工艺过程源（钢铁）	电厂燃煤源	热力燃煤源
0.006～0.016	1.145	—	1.140	1.172	1.142	1.154
0.016～0.030	1.146	1.148	1.142	1.187	1.150	1.153
0.030～0.054	1.148	1.146	1.141	1.187	1.146	1.153
0.054～0.095	1.148	1.144	1.144	1.187	1.145	1.151
0.095～0.156	1.154	1.147	1.146	1.189	1.151	1.152
0.156～0.257	1.153	1.147	1.145	1.194	1.153	1.154
0.257～0.382	1.153	1.147	1.142	1.197	1.154	1.157
0.382～0.603	1.153	1.146	1.142	1.197	1.160	1.155
0.603～0.949	1.150	1.133	1.140	1.196	1.173	1.157
0.949～1.630	1.146	1.141	1.139	1.196	1.173	1.144
1.630～2.470	1.145	1.136	1.144	1.188	1.160	1.134
2.470～3.660	1.145	1.138	1.136	1.192	1.163	1.154
3.660～5.370	1.143	1.141	1.146	1.188	1.159	1.149
5.370～9.890	1.146	1.145	1.145	1.188	1.162	1.140

表 4-79　各源类 $^{208}Pb/^{207}Pb$ 同位素数据结果

粒径范围/μm	生物质	工艺过程源（水泥）	工艺过程源（钢铁）	电厂燃煤源	热力燃煤源
0.006～0.016	—	2.430	2.446	2.436	2.448
0.016～0.030	2.436	2.431	2.447	2.446	2.447
0.030～0.054	2.439	2.427	2.447	2.442	2.446
0.054～0.095	2.436	2.433	2.448	2.442	2.448
0.095～0.156	2.439	2.436	2.449	2.448	2.446
0.156～0.257	2.440	2.440	2.448	2.447	2.446
0.257～0.382	2.438	2.435	2.448	2.448	2.446
0.382～0.603	2.443	2.433	2.448	2.453	2.446
0.603～0.949	2.428	2.432	2.448	2.445	2.446
0.949～1.630	2.436	2.430	2.447	2.443	2.444
1.630～2.470	2.433	2.436	2.447	2.448	2.457
2.470～3.660	2.432	2.421	2.447	2.441	2.478
3.660～5.370	2.435	2.430	2.447	2.440	2.447
5.370～9.890	2.445	2.430	2.445	2.443	2.458

表 4-80　餐饮源 $^{208}Pb/^{207}Pb$ 和 $^{206}Pb/^{207}Pb$ 同位素数据结果

类型	粒径	$^{206}Pb/^{207}Pb$	$^{208}Pb/^{207}Pb$
居民厨房	$PM_{2.5}$	1.138	2.423
	PM_{10}	1.124	2.409
油炸	$PM_{2.5}$	1.146	2.431
	PM_{10}	1.138	2.427
烧烤	$PM_{2.5}$	1.138	2.424
	PM_{10}	1.142	2.428

从不同粒径段来看，不同源类铅同位素丰度比高值所在粒径范围不同。在 $^{206}Pb/^{207}Pb$ 方面，民用燃煤、生物质丰度比高值的范围多集中在 0.095～0.603μm。工艺过程源中，钢铁丰度比高值的范围在 0.257～1.630μm，水泥丰度比值高集中在 0.054～0.257μm 和 3.660～5.370μm。燃煤源丰度比高值集中在 0.382～0.949μm。在 $^{208}Pb/^{207}Pb$ 方面，生物质、工艺过程源、电厂燃煤源丰度比高值的范围多集中在 0.095～0.382μm。燃煤源中热力厂丰度比高值的范围在 1.630～3.660μm。

4.9　典型源类标识组分研究

一般来说，各大气颗粒物排放源谱都有其有别于其他源类的标识组分，这对于源解析研究中准确识别具有重要意义。依据各源类主要组分的浓度范围，通过一级源类标识组分的百分比范围和特征比值范围可用来区分一级源类；再依据二级源类特征组分，可精确区分各子源类。本书在总结梳理现有源谱基础上，结合各源类化学组分特征，对各源类标识组分及特征组分进行了分析归纳，见表 4-81。

表 4-81　各源类标识组分及特征组分

源类	一级源类标识组分	子源类	二级源类特征组分	特征比值
燃煤源	OC（1%~11%）、EC（0.5%~15%）、OC/EC>3	电厂燃煤源	EC（0.5%~8.5%，平均值 3.1%）	Al/Si 均值为 0.77
		工业燃煤源	EC（0.5%~15%，平均值 6.3%）	
		民用散烧燃煤源	As（0.01%~0.2%）、SO_4^{2-}（28%~40%）	
工艺过程源		水泥工业源	Ca	Ca/Al 均值为 12.82；K/SO_4^{2-} 均值为 0.34
		钢铁工业源	Fe（1.2%~30%）	
生物质燃烧源	K^+（1.4%~14%）、Cl^-（1.6%~9.3%）	闷火燃烧	OC（41.3%±2.17%）、EC（5.08%±1.02%）、左旋葡聚糖（5.12%±3.42%）	Mg/Ca 均值为 0.18；Mg/Si 均值为 0.31
		明火燃烧	OC（18.3%±5.08%）、EC（18.7±6.64）、Cl^-（4.13%±4.15%）、K^+（1.93%±2.94%）、左旋葡聚糖（1.13%±1.02%）	
扬尘源	Si（2%~43%）、Ca（2%~44%）	土壤扬尘 建筑扬尘	Si（3%~43%）、Ca（2%~32%）Ca（7%~44%）、Si（2%~16%）	Fe/Al 均值 0.93
餐饮源	OC（42%~55%）、EC（0.8%~2.6%）、OC/EC>20		VOCs 以烃类为主，除炭烤外，烃类和酯类占比达到 69.24%~84.29%	Fe/Si 均值 1.33；Ca/EC 均值 0.96
移动源	OC（25%~70%）、EC（6%~37%）、OC/EC<3（船舶源 1.3~6）	汽油车	EC（6%~9%）、Mn（0.1%~0.9%）、Hg（0.06%~0.8%）	OC/NO_3^- 均值为 35.9
		柴油车	EC（16%~37%）	
		船舶	V（0.001%~0.28%）、Co（0.015%~0.068%）、Ni（0.001%~1.4%）	

（1）燃煤源

我国燃煤源成分谱的构建从 20 世纪 80 年代中期开始。早期的燃煤源成分谱主要通过直接采集下载灰分析获得，煤烟尘成分谱以地壳元素（Si、Al、Ca、Fe 等）和碳为主要化学组分，煤烟尘中碳组分（OC 和 EC）的含量在 10%~30%，因此，OC、EC 是煤烟尘区别于其他源类的重要化学组分，但电厂煤烟尘中 OC、EC 的含量与一般的工业锅炉煤烟尘中 OC、EC 的含量相差可以达到一个数量级。Al 和碳组分是区分煤烟尘与其他源类的重要组分，是煤烟尘的标识组分。

随着污染源生产工艺的革新、能源消费结构和燃料品质的变化以及污染治理技术的升级，我国燃煤源排放特征在近 10 年间发生了较大变化。当前我国燃煤源中碳组分占比仍然较高，依据碳组分范围和 OC/EC 可将燃煤源与其他源类进行区分。工业燃煤中的 EC 值一般高于电厂燃煤。比较发现，通过相同采样方法（稀释通道采样法）和相同锅炉类型收集的数据，使用湿法烟气脱硫的 $PM_{2.5}$ 中 SO_4^{2-} 和 Ca 远高于干法脱硫，OC、NH_4^+、Na^+ 和 Cl^- 浓度水平也高于干法脱硫。对于民用散煤燃烧源，由于没有任何的烟气处理措施，散煤中 SO_4^{2-}、NH_4^+、Cl^- 以及 As、Pb 要显著高于电厂燃煤和工业燃煤，且由于煤的种类和性质、燃烧炉的类型和燃烧条件的不同，民用散煤燃烧源的排放因子差异很大。因此，应在特定的研究区域进行源成分谱的实地测定以提高源解析结果的准确性和可靠性。

（2）工艺过程源

不同工业过程中使用的原材料、制造工艺、采样方法和采样点位的差异性，以及不同工厂采取的控制措施和不同的操作条件，不同行业的源谱之间存在较大差异。对于水泥工业源，Ca、Al、OC 和 SO_4^{2-} 是含量最高的成分，平均值超过 0.10g/g。对于钢铁工业源，Fe 含量最为明显。不同类型的工业有着不同的污染物排放特征。

（3）移动源

移动源谱中含量最高的为碳组分。依据碳组分范围和 OC/EC 可将移动源与其他源类进行区分。柴油车尾气（特别是重型柴油车尾气）的 EC 含量高于汽油车尾气中的 EC 含量，这可能是由柴油和汽油碳氢化合物链的长度不同从而使柴油和汽油的燃烧程度不同所导致的。由于汽油中添加了 Mn 作为防爆剂，汽油车排放物中的 Mn 含量高于柴油车，汽油车排放的 Hg 含量值高于柴油车。

由于燃料的不断升级，机动车尾气的源谱也会有所不同。在过去的 18 年里，中国的机动车油料已经升级了五次。在 2000 年以前，Pb 被用作汽油的示踪剂，然而自 2000 年起中国开始禁止使用含铅汽油，使得 Pb 无法再作为汽油的示踪剂。汽油中 S（用于汽车）的标准值在 2000 年为 800μg/g，在 2018 年为 10μg/g。2000 年 Mn 的标准值为 0.018g/L，而 2018 年的标准值仅为 0.002g/L。油品标准的变化无疑影响了机动车排放源谱。由于政府要求停止生产、销售和使用含铅汽油，机动车排放尾气中的铅含量明显下降。2005 年与 1985 年相比，机动车排放的铅含量显著下降。2000 年后，Mn 的比例也显著减少。同样，自 2000 年以来，机动车尾气中 SO_4^{2-} 的比例显示出明显的下降趋势。船舶源成分谱中 OC、EC、SO_4^{2-}、Si 和 Ca 等为主要组分，且船舶源谱中的 V、Co、Ni 含量要显著高于机动车源谱，可以作为其与机动车源谱进行区分的依据。

（4）扬尘源

扬尘源谱中的地壳元素含量显著高于其他源类，尤以 Si、Ca 元素最为突出。城市扬尘在采暖季 Ca 元素含量最高，达 0.11～0.13g/g；非采暖季 Si 元素含量最高，达 0.10g/g；而其他组分 Al、Fe 等元素同为地壳元素，也占有一定的比例。土壤风沙尘成分谱中 Si 元素显著高于其他组分；建筑水泥尘源中 Ca、Si 元素含量最高；道路扬尘中主要的化学组分为 Si、OC 和 Ca，土壤扬尘对道路扬尘的组分影响较大，且道路扬尘源中的 OC 和 SO_4^{2-} 值高于土壤扬尘源，表明道路扬尘也受到车辆排放或煤炭燃烧以及其他人为源的影响。

（5）生物质燃烧源

生物质燃烧源谱的主要成分是 OC、EC、K^+、Cl^- 和 Ca，但由于温度、氧含量、风速等燃烧条件的不同，不同生物质类型在不同燃烧状态下化学成分谱存在明显差异。苯、甲苯等芳香烃物质在 VOCs 中含量较为丰富；标识组分氯甲烷在户用燃烧和开放燃烧中均可分为多个量级，可能与生物质自身化学组成和燃烧条件有关。左旋葡聚糖是各粒径段有机分子成分谱中的主要组分，含量在 2%～4%，较为稳定。总结来看，闷火燃烧条件下以 OC、左旋葡聚糖和 EC 为主，而明火燃烧状态下以 EC、OC、Cl⁻、K⁺和左旋葡聚糖为主。左旋葡聚糖（LG）和甘露聚糖（MN）作为同分异构体，它们间的比值（LG/MN）可鉴别软木（3～8）、硬木（11～24）和农作物燃烧（大于 24）所释放的颗粒物。高 K/MN（大于 1.5）可用作为辨析农作物残余物在明火燃烧条件下的示踪指标。

（6）餐饮源

本书构建了包括火锅、中餐馆、烧烤和快餐在内的餐饮源排放的 $PM_{2.5}$ 化学成分谱。由于烹饪方式、烹饪食材、使用油品和烹饪燃料的不同，餐饮排放的 $PM_{2.5}$ 的化学特征存在较大差异，以碳组分的含量最为丰富。利用碳组分范围和 OC/EC 可将餐饮源与其他源类很好地进行区分。在餐饮源排放烟气 VOCs 中，除炭烤外，VOCs 的烷烃、芳香烃和酯类占比较高，在一定程度上也可以表征餐饮源的排放特征。

4.10 小 结

在全国 10 个典型城市采集了电厂燃煤、工业燃煤、民用燃煤、钢铁、水泥、城市扬尘、土壤风沙尘、建筑水泥尘、道路扬尘、餐饮、生物质燃烧源、移动源等典型污染源样品，并开展了源样品的无机元素、水溶性离子、有机碳、元素碳、新型示踪物同位素、复杂有机物（多环芳烃、VOCs）、粒径分布及单颗粒、气态污染物等的化学分析。

1）固定燃烧源中分别对电厂燃煤源、工业燃煤源和民用散烧三个典型源类进行采样，利用 ELPI+采集排放的颗粒物，分析研究了颗粒物的物理特征和化学组分特征。①电厂燃煤源选取了覆盖我国燃煤电厂使用的炉型、脱硝技术、脱硫技术、除尘技术、超净排放技术的四家电厂。水溶性离子是电厂的主要组分，离子中含量较高的有 Cl⁻、NO_3^-、Na⁺、Ca^{2+}、NH_4^+ 等；OC 在碳组分占比最高；无机元素中含量较高的为 Ca、K、Na、Fe 和 Si 等。②工业燃煤源选取了涵盖不同吨位、脱硫方式、脱硝方式和除尘方式的 7 家典型工业企业。工业燃煤源中排放的组分以元素为主，Ca、S、Zn、Na、K 等含量较高；OC 在碳组分中占比最高；水溶性离子中 Cl⁻、NO_3^-、NH_4^+ 含量较高。③民用散煤选取了块煤、煤球、蜂窝煤三种煤炭类型，四类户用炉具进行样品采集。离子在散煤燃烧源谱中含量较高，SO_4^{2-}、NH_4^+、Na⁺、Cl⁻的含量较高；元素中 S、Ca、Cr、Na、Si、Al、Fe 较高；OC 在碳组分中占比最高；VOCs 和煤质组成、燃烧条件密切相关，含碳量高的煤质排放的 VOCs 以烷烃为主，含碳量低的煤质在不同燃烧条件也会有差异，明火排放 VOCs 以芳香烃为主，闷烧以烯烃为主。

2）工艺过程源选取了涵盖钢铁、玻璃、水泥不同工艺类型的四家工业企业，利用 ELPI+采集工业排放的颗粒物，分析研究了颗粒物的物理特征和化学组分特征。元素在工艺过程源谱中含量较高，Ca、Fe、S、K、Al 含量较高；OC 在碳组分为主要组分；离子中 NO_3^-、NH_4^+、Cl⁻和 Ca^{2+}含量较高。

3）移动源分别对机动车尾气和船舶两类源进行采样，利用 ELPI+采集排放的颗粒物，分析研究了颗粒物的物理特征和化学组分特征。①机动车尾气选取了覆盖汽油、柴油燃料类型，小客、中客、大客、小货、中货车辆等 8 种机动车。机动车尾气源谱中含量较高的组分主要为 OC、EC，离子中 Cl^-、SO_4^{2-}、NO_3^-、NH_4^+ 含量也相对较高。②船舶选取了渔船、客轮和货轮三类船舶进行采样。船舶源谱中含量较高的组分主要为 OC、EC，元素含量较多的是 S、Si、Ca 和 Fe，SO_4^{2-}、NO_3^-、Ca^{2+}、NH_4^+ 是主要的离子组分。

4）扬尘分别对城市扬尘、土壤风沙尘、建筑水泥尘和道路扬尘进行采样，利用再悬浮采集扬尘颗粒物。①城市扬尘选择临街两边的居住区、商业区楼房、工业区厂房等建筑物布设采样点。城市扬尘源谱中 Al、Ca、OC、SO_4^{2-} 四类组分最高，Fe、Si 等也占有一定比例。②土壤风沙尘在裸露农田、河滩或果园采集土壤风沙尘分别采样。土壤风沙尘源谱中 Si 元素含量显著高于其他组分，其次是 Ca、Al、Fe 等元素，除地壳元素之外，土壤风沙尘中也含有一定的 OC。③选择典型建筑施工场所，均匀布点采集建筑水泥尘。建筑水泥尘源谱中 Ca、Si 元素含量较高，OC、SO_4^{2-} 等组分也占有一定的比例。④道路扬尘采集了 16 个沥青道路样品，9 个水泥道路样品。道路扬尘源谱中含量最高的组分均为 Si，其次为 Ca、Fe、Al、OC、SO_4^{2-} 等组分。

5）生物质燃烧源选取了玉米秸秆、小麦秸秆、水稻秸秆和薪柴四类典型生物质类别，利用 ELPI+气袋采集开放燃烧和户用燃烧排放的颗粒物和烟气，分析研究了颗粒物和烟气的物化特征，构建了生物质燃烧多粒径多组分综合源成分谱。OC 是生物质燃烧源谱中含量最高的组分，但由于燃料特性和温度、氧含量、风速等燃烧条件不同，各条源谱之间存在量的差异；K^+、Cl^- 和 K 是离子和元素中的主要组分；左旋葡聚糖是各粒径段有机分子成分谱中的主要组分；苯、甲苯等芳香烃物质在 VOCs 中含量较为丰富。

6）餐饮源选取火锅、烧烤、食堂、中餐馆、综合餐饮企业等类别，利用四通道稀释采样器和 VOCs 真空采样箱采集排放的颗粒物和烟气，分析研究了颗粒物和烟气的物化特征。餐饮源谱中含碳组分含量最为丰富，无机元素与水溶性离子含量较低，Ca、Fe、Si、Al、K、Mg、Na 等在元素中占比较高；离子含量较高的为 NO_3^-、SO_4^{2-}、NH_4^+、Cl^-；在排放的 PAHs 中芴、菲、荧蒽、芘质量分数普遍较高；排放烟气 VOCs 主要为烷烃、烯烃、卤代烃、芳香烃、酮类和酯类等。

第5章 大气颗粒物综合源谱构建与评价

获得单个源或子源类排放颗粒物的化学组成信息后，需对这些基础信息进行筛选、提炼与归纳，通过恰当的构建方法，获得基于这些基础源谱信息的具有足够代表性、个性与真实性的更为广义的综合源谱。本章系统介绍各典型源类综合源谱的构建原理、影响因素与具体方法，并对如何开展源谱有效性评价进行详细阐述。

5.1 源谱构建方法

一条标准的源谱应包含各主量与痕量化学组分的含量均值、标准偏差等信息。常见的综合源谱构建方法主要包括三种，一是直接将各子源的组分信息进行算数平均，获得更高一级源类的综合源谱；二是结合排放清单，基于各子源类排放量确定权重，对基础组分信息进行加权处理，获得大源类的综合源谱；三是基于扩散模型，基于各子源类的实际环境影响对基础组分信息进行加权，获得综合源谱。

5.1.1 综合源谱构建的关键影响因素识别方法

不同的采样方法、除尘脱硫脱硝等末端治理技术对于燃煤源成分谱化学构成均可能造成影响。由于稀释通道采样法是目前公认的适合燃煤源采样的方法，更能反映燃煤源排放颗粒物的真实情况。因此，本节以稀释通道采样获得的燃煤源成分谱为对象，从统计学角度出发研究末端治理措施中对燃煤源成分谱化学构成影响最大的因素，结果可为综合源谱构建中关键影响因素识别提供必要依据。

5.1.1.1 数据来源与处理

以南开大学 SPAP 和美国 EPA 的 SPECIATE 数据库中的燃煤源成分谱为主，共收集整理了国内外完整的燃煤源成分谱 643 条，其中有燃煤源 TSP 成分谱 39 条，PM_{10} 成分谱 294 条，$PM_{2.5}$ 成分谱 275 条，$PM_{1.0}$ 成分谱 19 条，$PM_{0.1}$ 成分谱 7 条。所有的 $PM_{2.5}$ 成分谱中，采用稀释通道采样的成分谱共有 41 条。为了客观准确地研究末端治理措施对燃煤源成分谱的影响，选择稀释通道采样法采集的燃煤源 $PM_{2.5}$ 成分谱中基础信息相对全面且化学组分分析方法相同的 28 条为研究对象。这 28 条燃煤源 $PM_{2.5}$ 成分谱涉及末端治理措施如表 5-1 所示，基本涵盖了国内主要的除尘、脱硫、脱硝方式。运用 SPSS 进行多因素方差分析和 Kruskal-Wallis 检验时，需要对不同自变量的不同水平进行编号，表 5-1 中展示了此次研究的编码规则。

表 5-1　不同自变量的不同水平的编码规则

影响因素	影响因素水平	水平编码
脱硝方式	SNCR 脱硝	1
	SCR 脱硝	2
	无脱硝	3
除尘方式	静电除尘	1
	电袋复合除尘	2
	布袋除尘	3
	无除尘	4
脱硫方式	炉内喷钙法	1
	双碱法	2
	石灰石/石膏法	3
	无脱硫	4

理论上讲，一条源成分谱中容纳的组分信息越多，此条源成分谱对于该类源的标识性越好，但是由于化学分析过程中仪器检出限等问题，颗粒物中微量组分的测定往往存在一定困难，并且分析结果的不确定性较大。从目前公布的源成分谱来看，一条典型的源成分谱包含了无机元素（Al、As、Ca、Cd、Cr、Cu、Fe、K、Mg、Mn、Na、Pb、Zn 等）、有机碳（OC）、元素碳（EC）和水溶性离子（Cl^-、NO_3^-、SO_4^{2-}、NH_4^+、K^+、Na^+、Ca^{2+}等）。有机物示踪物虽然在许多源类的识别中具有很好的标识作用，但目前公开发布的源成分谱中，只有极少数提供了有机示踪组分的信息。

分析化学认为质量分数大于 1%的组分为常量组分。王玉珏等（2016）也在燃煤源成分谱的研究工作中将化学组分含量大于 1%作为主量元素的判别标准。本节在源成分谱所有化学组分中筛选出 18 种常量组分（该组分质量分数大于 1%的源成分谱数目超出总数的一半）进行讨论，目的是避免不确定性大的微量和痕量组分的干扰，降低结果误差。这 18 种常量组分及相应的分析方法如表 5-2 所示。

表 5-2　选取的 18 种常量组分

种类	组分	分析方法
无机元素	Na、Mg、Al、Si、K、Ca、Fe、Zn	电感耦合等离子体原子发射光谱仪
水溶性离子	Cl^-、NO_3^-、SO_4^{2-}、Na^+、NH_4^+、K^+、Mg^{2+}、Ca^{2+}	离子色谱仪
碳组分	OC、EC	热光碳分析仪

使用 SPSS 22.0 对 28 条源成分谱的 18 种组分数据进行正态分布检验、方差齐性检验、多因素方差分析和 Kruskal-Wallis 检验。

5.1.1.2　正态分布检验与方差齐性检验

正态分布检验使用的是被广泛运用的 K-S 检验，显著性水平 α 设定为 0.05。方差齐性检验用来检验同一影响因素不同水平的样本方差是否相同，显著性水平 α 设定为 0.05。检验结果为：符合正态分布并通过方差齐性检验的组分只有 Fe、Na^+、Ca^{2+}三种，其余

15 种组分均未同时通过正态分布与方差齐性检验。

5.1.1.3　多因素方差分析和 Kruskal-Wallis 检验

（1）多因素方差分析

方差分析的基本原理是：在实验指标（可称为因变量）服从正态分布且方差齐性的前提下，将总体方差分解到不同因素（可称为自变量）的不同水平上，进而检验不同因素、不同水平对总体的影响是否显著（王慧和李阳萍，2013）。自变量个数为一个时，方差分析被称为单因素方差分析；当自变量个数为多个时，则被称为多因素方差分析。多因素方差分析可以检验多个因素的多个水平对于实验指标是否有显著影响（江忠伟，2017）。多因素方差分析过程要求因变量必须服从正态分布且满足方差齐性要求。其中，因变量必须是数值型变量，自变量是分类变量，可以是数值型也可以是长度不超过 8 的字符型变量。

对于通过正态分布检验和方差齐性检验的组分 Fe、Na^+ 和 Ca^{2+}，使用多因素方差分析的方法分析末端治理措施对其含量的影响。显著性分析结果如表 5-3 所示。

表 5-3　Fe、Na^+、Ca^{2+} 多因素方差分析的显著性（p 值）

组分	脱硝方式	除尘方式	脱硫方式
Fe	0.694	0.418	0.011
Na^+	0.216	0.001	0.036
Ca^{2+}	0.966	0.445	0.358

由表 5-3 可以看出，燃煤源的除尘方式对于燃煤源排放的颗粒物中 Na^+ 含量的影响显著；而脱硫方式对于 Fe 和 Na^+ 的含量有显著影响；脱硝方式对三种组分的含量影响均不显著。

（2）非参数 Kruskal-Wallis 检验

由于多因素方差分析的基本假设是因变量服从正态分布且方差齐性，可有时候所采集的数据常常不能满足这些条件，此时这种方法并不适用。对于不适用方差分析的情况，可以采用多个独立样本的非参数检验来检验多个独立样本来自多个总体的分布是否存在显著差异。Kruskal-Wallis 检验是非参数检验中检验两个以上的总体时被广泛使用的方法（田兵，2013）。基本思想为：首先，将多组样本数据混合并按升序排序，求出各变量值的秩。其次，考察各组秩的均值是否存在显著差异。显而易见，如果各组秩的均值不存在显著差异，则是多组数据充分混合，数值相差不大的结果（张林泉，2014），可以认为多个总体的分布无显著差异；反之，如果各组秩的均值存在显著差异，则是多组数据无法混合，某些组的数值普遍偏大，另一些组的数值普遍偏小的结果，可以认为多个总体的分布有显著差异（刘丽，2010）。

对于没有通过正态分布检验和方差齐性检验的 15 种化学组分（Na、Mg、Al、Si、K、Ca、Zn、Cl^-、NO_3^-、SO_4^{2-}、NH_4^+、K^+、Mg^{2+}、OC、EC），采用非参数 Kruskal-Wallis 检验的方法研究污控措施影响的显著性，检验统计量为 Wilks' lambda（λ）。分析结果如表 5-4 所示。

表 5-4　15 种化学组分非参数 **Kruskal-Wallis** 检验的显著性（p 值）

组分	脱硝方式	除尘方式	脱硫方式
Na	0.863	0.335	0.898
Mg	0.072	0.022	0.545
Al	0.858	0.928	0.451
Si	0.730	0.256	0.887
K	0.173	0.017	0.214
Ca	0.456	0.120	0.278
Zn	0.977	0.229	0.881
Cl^-	0.132	0.019	0.242
NO_3^-	0.233	0.620	0.275
SO_4^{2-}	0.083	0.007	0.270
NH_4^+	0.061	0.010	0.365
K^+	0.047	0.093	0.394
Mg^{2+}	0.628	0.332	0.484
OC	0.132	0.118	0.801
EC	0.042	0.023	0.340

由表 5-4 可以看出，燃煤源的脱硝方式对成分谱中 K^+（$p=0.047$）、EC（$p=0.042$）含量有显著影响；除尘方式对成分谱中 Mg（$p=0.022$）、K（$p=0.017$）、Cl^-（$p=0.019$）、SO_4^{2-}（$p=0.007$）、NH_4^+（$p=0.010$）、EC（$p=0.023$）含量有显著的影响；脱硫方式对这 15 种组分含量的影响均不显著。

5.1.2　综合源谱构建的基本原则

1）源谱具有时效性与地域性，不可盲目借用。与受体化学组成类似，源谱也存在明显的时空分布规律。如前文所述，源谱构成受燃料品质、生产工艺、除污措施、采样方式等多种因素影响。从空间上讲，不同国家、不同区域、不同城市的产业结构、能源结构、治污工艺存在差异，导致了源谱组成在空间上的差异性；同时，不同地区的源成分谱又存在一定的相似性。在实际研究工作中，缺乏源成分谱的地区往往需要借用其他地区的源成分谱，甚至是借用国外的源谱，需特别慎重（陈颖军，2004）。只有确保借用的源成分谱具有一定代表性和合理性，才能满足后续研究的需要。

2）综合源谱的构建需充分考虑各子源类的具体情况，不可盲目平均。以燃煤源为例，其本身的复杂性决定了不同类别的燃煤源成分谱之间会有很大的差异。因此，直接进行算术平均或者加权运算，会抹平不同类型的燃煤源之间的差异，影响精细化源解析结果。文献中报道的源成分谱，有时忽略了化学组分百分含量的偏差或者含量的变化范围，因此并不能体现源成分谱在组成上的不确定性。

3）综合源谱的构建要从源谱体系的整体性出发，不可孤立构建与评判。源谱的构建乃至整个源解析研究是一个完整的体系，在体系内各部分之间存在密切联系。在构建一个源类的综合源谱时，要综合考虑已有源谱情况、受体化学组成情况，乃至当地的管理需求情况，将综合源谱的构建充分地融入具体的源谱体系中，才能获得可满足体系需求的合格源谱。

5.1.3　各源类源谱构建方法建立

5.1.3.1　源谱数据差异性分析

某类污染源的颗粒物成分谱通常是根据该源类的子源类或相近源类建立，并利用多次采样结果建立。在此建立过程中存在不可忽视的不确定性。为评估源谱建立过程中产生的不确定性，以采集的污染源颗粒物为对象，利用数理统计方法对其组分数据的不确定性进行研究分析。使用标准偏差（standard deviation，SD）、标准误差（standard error，SE）、变异系数（coefficient of variation，CV）评价每类源数据或各源类标识信息数据的同质性和不确定性。

（1）各源类变异系数

如图 5-1 所示，根据实测与数据分析结果，土壤扬尘和道路扬尘的 CV 值相对较小，说明该源类中不同源数据之间的离散程度较小，而机动车源、燃煤源和工业源 CV 值相对较大，与扬尘源相比，燃煤源、工业源和机动车源构建源谱的源数据集波动性明显较大。

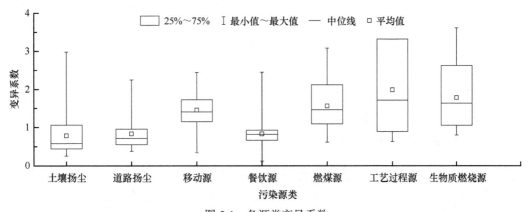

图 5-1　各源类变异系数

（2）各源类标识信息标准偏差、标准误差及变异系数

1）如表 5-5 所示，根据各源类实测结果及其标识信息标准偏差计算结果可知：①城市扬尘、土壤扬尘、建筑扬尘中标识组分 Si 和 Ca 的标准偏差均小于 0.1；②工业燃煤、电厂燃煤、民用燃煤中标识组分 SO_4^{2-}、OC 的标准偏差均接近或大于 0.1，OC/EC 的标准偏差接近 5，民用燃煤 OC/EC 的标准偏差大于 40；③生物质燃烧中 K^+、Cl^-、OC、EC 的标准偏差均在 0.01～0.1；④柴油车和汽油车中 NO_3^-、OC、EC 的标准偏差均在 0.01～0.1，但柴油车 OC/EC 的标准偏差接近 2，汽油车 OC/EC 的标准偏差接近 20。

表 5-5　各源类标识信息标准偏差

源类	Si	Ca	K⁺	SO₄²⁻	NO₃⁻	Cl⁻	OC	EC	OC/EC
城市扬尘	0.060 45	0.047 49	—	—	—	—	—	—	—
土壤扬尘	0.080 79	0.055 22	—	—	—	—	—	—	—
建筑扬尘	0.039 88	0.091 10	—	—	—	—	—	—	—
工业燃煤	—	—	—	0.099 86	—	—	0.016 23	0.006 39	4.864 59
电厂燃煤	—	—	—	0.218 57	—	—	0.065 22	0.004 46	4.702 55
民用燃煤	—	—	—	0.180 76	—	—	0.343 66	0.003 08	42.746 43
生物质燃烧	—	—	0.055 29	—	—	0.066 99	0.088 71	0.013 77	—
柴油车	—	—	—	—	0.015 95	—	0.084 66	0.099 74	1.902 60
汽油车	—	—	—	—	0.016 38	—	0.163 48	0.129 40	18.688 51
餐饮	—	—	—	—	—	—	0.045 08	0.006 35	19.990 59

综上所述，扬尘源标识组分的标准偏差相比于燃煤源、机动车源等较小，说明扬尘源标识组分数据离散程度较小，大量数据之间的差异性较小；而对于燃煤源，如工业燃煤、电厂燃煤和民用燃煤，其标准偏差相对较大，说明其标识组分数据离散程度较大，基于不同子源类或受不同影响因素情况下收集到的样品数据之间差异性较大；生物质燃烧与扬尘源结果相似；柴油车和汽油车与燃煤源结果相似，相对于扬尘源，机动车源标识组分的标准偏差较大。

2）如表 5-6 所示，根据各源类实测结果及其标识信息标准误差结果可知：①城市扬尘、土壤扬尘、建筑扬尘中标识组分 Si 和 Ca 的标准误差基本小于 0.01，建筑扬尘 Ca 的标准误差大于 0.01；②工业燃煤、电厂燃煤、民用燃煤中标识组分 SO₄²⁻、OC 的标准误差基本大于 0.01，OC/EC 的标准误差均大于 1，民用燃煤 OC/EC 的标准误差接近 18；③生物质燃烧中 K⁺、Cl⁻、OC、EC 的标准误差均在 0.001～0.1；④柴油车和汽油车中 NO₃⁻、OC、EC 的标准误差均在 0.003～0.02，但柴油车 OC/EC 的标准误差接近 0.4，汽油车 OC/EC 的标准误差接近 6。

表 5-6　各源类标识信息标准误差

源类	Si	Ca	K⁺	SO₄²⁻	NO₃⁻	Cl⁻	OC	EC	OC/EC
城市扬尘	0.003 16	0.002 61	—	—	—	—	—	—	—
土壤扬尘	0.005 30	0.004 02	—	—	—	—	—	—	—
建筑扬尘	0.004 18	0.010 81	—	—	—	—	—	—	—
工业燃煤	—	—	—	0.035 31	—	—	0.006 13	0.002 42	1.985 96
电厂燃煤	—	—	—	0.060 62	—	—	0.017 43	0.001 24	1.357 51
民用燃煤	—	—	—	0.073 79	—	—	0.140 30	0.001 26	17.451 16
生物质燃烧	—	—	0.031 92	—	—	0.038 68	0.051 22	0.007 95	—
柴油车	—	—	—	—	0.003 13	—	0.016 60	0.019 56	0.373 13
汽油车	—	—	—	—	0.005 18	—	0.051 70	0.040 92	5.909 83
餐饮	—	—	—	—	—	—	0.011 27	0.001 59	4.997 65

综上所述，扬尘源标识组分的标准误差相比于燃煤源、机动车源等较小，说明扬尘源标识组分数据误差较小，大量样品数据对总体的代表性较好，基于大量数据得到的扬尘源成分谱可靠性较大；而对于燃煤源，如工业燃煤、电厂燃煤和民用燃煤，其标准误差相对较大，说明其标识组分数据误差相对较大，基于不同子源类或受不同影响因素情况下收集到的样品数据集对总体的代表性较差；生物质燃烧与扬尘源结果相似；柴油车和汽油车与燃煤源结果相似。

3）如表 5-7 所示，根据各源类实测结果及其标识信息变异系数结果可知：①城市扬尘、土壤扬尘、建筑扬尘中标识组分 Si 和 Ca 的变异系数在 0.4～0.8；②工业燃煤、电厂燃煤、民用燃煤中标识组分 SO_4^{2-}、OC 的变异系数基本大于 1，EC 的变异系数在 0.4～0.9，OC/EC 的变异系数在 0.2～0.7；③生物质燃烧中 K^+、Cl^-、OC、EC 的变异系数在 0.2～1.2；④柴油车和汽油车中 NO_3^-、OC 的变异系数在 0.2～0.8，但汽油车 EC 的变异系数大于 1，OC/EC 的变异系数大于 1.2。

表 5-7　各源类标识信息变异系数

源类	Si	Ca	K^+	SO_4^{2-}	NO_3^-	Cl^-	OC	EC	OC/EC
城市扬尘	0.712 98	0.535 09	—	—	—	—	—	—	—
土壤扬尘	0.616 05	0.784 47	—	—	—	—	—	—	—
建筑扬尘	0.443 56	0.455 25	—	—	—	—	—	—	—
工业燃煤	—	—	—	1.531 42	—	—	0.404 34	0.860 22	0.691 83
电厂燃煤	—	—	—	1.257 35	—	—	1.228 83	0.844 32	0.599 13
民用燃煤	—	—	—	0.791 03	—	—	1.210 93	0.439 24	0.256 80
生物质燃烧	—	—	1.154 37	—	—	1.068 94	0.424 34	0.200 71	—
柴油车	—	—	—	—	0.793 03	—	0.212 20	0.484 61	0.700 00
汽油车	—	—	—	—	0.612 42	—	0.304 10	1.076 51	1.285 93
餐饮	—	—	—	—	—	—	0.088 72	0.410 86	0.497 16

综上所述，扬尘源标识组分的变异系数相比于燃煤源、机动车源等较小，说明扬尘源标识组分数据离散程度较小，大量数据之间的差异性较小；而对于燃煤源，如工业燃煤、电厂燃煤和民用燃煤，其变异系数相对较大，说明其标识组分数据离散程度较大，样品数据之间差异性较大；生物质燃烧与扬尘源结果相似；柴油车和汽油车与燃煤源结果相似，相对于扬尘源，机动车源标识组分的标准偏差较大。相对于标准偏差，使用变异系数评价数据的离散程度时消除了平均值大小的影响，更能反映出数据离散程度的大小。

5.1.3.2　实测源谱对 CMB 源解析结果的影响研究

利用实测源谱数据，多次随机选取某一类的源谱数据，保持其余源类源谱数据不变，输入 CMB 中进行计算。每次所得结果中源贡献为 C_x，最终计算所有解析结果的变异系数（C_1，C_2，C_3，…），变异系数越小，说明该类源实测源成分谱之间差异性越小，并且对 CMB 源解析结果影响也小；反之，变异系数越大，该类源实测源成分谱之间差异性越大，并且对源解析结果影响也大。

从源成分谱库中随机选取各类源成分谱数据，进行各类源谱变化对 CMB 解析结果的影响分析，得到各源类实测源谱变化对源解析结果影响的变异系数，结果如图 5-2 所示。

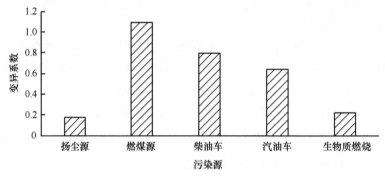

图 5-2　各源类实测源谱变化对源解析结果影响的变异系数

多次随机选取的扬尘源成分谱输入 CMB 进行计算后，源解析结果 CV 小于 0.2，说明在扬尘源实测源谱数据集中，源谱之间差异性较小，并且对 CMB 源解析结果影响较小，解析结果相近；同样，生物质燃烧源谱的变化对源解析结果影响的 CV 小于 0.3，结果和扬尘源相似；而相对于扬尘源和生物质燃烧源，燃煤源和机动车源的解析结果 CV 较大，其中燃煤源解析结果 CV 大于 1，机动车中柴油车解析结果 CV 接近 0.8，汽油车大于 0.6，说明燃煤源和机动车源的实测源谱数据之间差异性相对较大，对于 CMB 源解析结果影响较大，并且在机动车源中，柴油车和汽油车源谱之间也存在明显差异，对于源解析结果有着较大影响。

5.1.3.3　各源类源谱构建方法

（1）扬尘源、生物质燃烧源源谱构建方法

综合对源谱数据差异性分析和实测源谱对 CMB 解析结果影响分析两者的研究结果，可得：①扬尘源、生物质燃烧源各自源谱数据之间的差异性较小；②各自标识信息数据的离散程度同样较小；③不同的源谱对 CMB 源解析结果影响较小。

故对于扬尘源和生物质燃烧源，在构建源谱过程中，可以直接对实测源成分谱数据集中各组分取算术平均值，作为最终构建的代表性源成分谱。构建公式如下：

$$\bar{C}_m = \frac{c_{m_1} + c_{m_2} + \ldots + c_{m_n}}{n} = \frac{\sum\limits_{i=1}^{n} c_{m_i}}{n} \tag{5-1}$$

式中，$\bar{C}_m$ 是源谱中 m 组分占比的算术平均值；c_{m_i} 是第 i 条源成分谱数据中 m 组分占比；n 是使用实测源成分谱总数量。

（2）燃煤源源谱构建方法

综合对源谱数据差异性分析和实测源谱对 CMB 解析结果影响分析两者的研究结

果，可得：①燃煤源源谱数据之间的差异性相对较大；②标识信息数据的离散程度也相对较大；③燃煤源实测源谱数据之间差异性较大，对于 CMB 源解析结果存在显著影响。

基于以上因素，燃煤源最终构建的源谱并不能直接采取算术平均的方法。考虑到燃煤源等高架源的污染物处于高空排放，污染物的扩散符合高斯扩散模式，为了更好地反映燃煤源对环境受体的影响情况，利用扩散模式（CALPUFF 模式）对燃煤源多种子源类的排放、扩散过程进行模拟，得到燃煤源各子源类对环境受体中 $PM_{2.5}$ 的影响权重，从而构建更具代表性的燃煤源成分谱。然后将受体颗粒物化学成分和基于环境影响构建的燃煤源成分谱纳入 CMB 模型进行来源解析计算。源谱构建具体流程如图 5-3 所示。

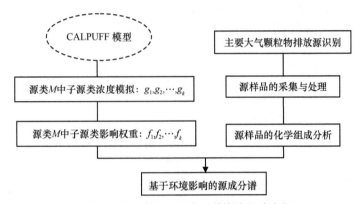

图 5-3　基于环境影响的源谱构建方法流程

CALPUFF-CMB 复合模型，主要分为 3 步：①利用 CALPUFF 模型对某个源类 M 中多种子源类的排放、扩散过程进行模拟，得到各子源类对受体点位产生的污染物浓度，进而计算出各子源类对环境受体的影响权重；②根据源类 M 中各子源类对环境受体的影响权重确定其在污染源成分谱中的权重，构建基于环境影响的 M 源成分谱，并纳入 CMB 模型中进行来源解析计算，确定各源类对环境受体的贡献；③利用 CALPUFF 模拟获得的源类 M 中各子源类对环境受体的影响权重将源解析结果中的 M 源贡献率进一步分配，得到更为精细化的颗粒物来源解析结果。源类 M 中各子源类对环境受体的影响权重等于利用 CALPUFF 模拟的各子源类所占的浓度比例：

$$f_p = \frac{g_p}{g_1 + g_2 + \cdots + g_k} \tag{5-2}$$

式中，f_p 是第 p 种子源类对环境受体的影响权重；g_p 是利用 CALPUFF 模拟的第 p 种子源类所占的浓度比例；k 是子源类的总数。

源成分谱中组分占比计算方法如下：

$$C_m = \sum_{p=1}^{k} f_p \times C_{m_p} \tag{5-3}$$

式中，C_m 指构建源谱中组分 m 的占比；f_p 是第 p 种子源类对环境受体的影响权重；C_{m_p} 指第 p 种子源类中组分 m 的占比；k 是子源类的总数。

（3）机动车源源谱构建方法

对于机动车源，综合对源谱数据差异性分析以及实测源谱对 CMB 解析结果影响分析的研究结果，可得：①源谱数据之间的差异性相对较大；②标识信息数据的离散程度相对较大；③柴油车和汽油车实测源谱数据之间的差异性较大，CMB 源解析结果存在显著差别。

基于以上原因，机动车源同样不能直接采取算术平均值作为最终所构建的代表性源谱。由于机动车属于近地面排放源，污染物的排放相对于其他高架源类，可近似认为呈线性关系，故考虑基于排放量加权处理的方法对机动车源成分谱进行构建。利用大气污染源排放清单获得各类型机动车的排放量大小，进而计算出各类型机动车排放污染物在环境受体所占权重，依据各权重系数，构建基于排放量的机动车源成分谱。权重系数计算方法如下：

$$f_i = \frac{g_i}{g_1 + g_2 + \cdots + g_j} \tag{5-4}$$

式中，f_i 是指第 i 类机动车向环境受体排放污染物的权重系数；g_i 是指第 i 类机动车的排放量；j 是指机动车类型的总数。

源成分谱中组分占比计算方法如下：

$$C_m = \sum_{i=1}^{j} f_i \times C_{m_i} \tag{5-5}$$

式中，C_m 是指构建源谱中组分 m 的占比；f_i 是指第 i 类机动车向环境受体排放污染物的权重系数；C_{m_i} 是指第 i 类机动车源谱中组分 m 的占比；j 是指机动车类型的总数。

5.2　源谱有效性评价

从源成分谱局部评价和整体评价两个层次出发，对源成分谱的有效性进行评价，主要考虑源成分谱中特征组分含量和置信区间，特征组分比值是否符合普遍规律，成分谱中所有组分含量的相对大小关系是否符合普遍规律，还需要对源谱的构建年份、样品数目、采样方法、分析方法等因素进行评价，评价规范、打分细则以及等级划分见表 5-8～表 5-10。通过对源谱的有效性评价，剔除分析结果中的离群值和不符合实际物理意义的样品分析结果。

表 5-8　源成分谱等级评价

评价类型	评价项目	评价情况			
		2012 年及之后	2005 年到 2011 年	2000 年到 2004 年	1999 年及之前
客观性评价	成分谱构建的年份	2012 年及之后	2005 年到 2011 年	2000 年到 2004 年	1999 年及之前
	样品数目	>10 个	5～9 个	2～5 个	1 个
	采样方法是否符合规范	完全符合	比较符合	一般符合	差距较大
	样品运输储藏是否符合规范	完全符合	比较符合	一般符合	差距较大
	颗粒物质量浓度分析是否符合规范	完全符合	比较符合	一般符合	差距较大
	水溶性阴阳离子分析是否符合规范	完全符合	比较符合	一般符合	差距较大
	金属元素测定是否符合规范	完全符合	比较符合	一般符合	差距较大
	OC/EC 分析是否符合规范	完全符合	比较符合	一般符合	差距较大

续表

评价类型	评价项目	评价情况			
主观性评价	与同类源成分谱相比	差别极小	差别较小	差别较大	差别过大
	特征组分含量是否科学合理	十分合理	比较合理	还算合理	不太合理
	特征组分比值是否科学合理	十分合理	比较合理	还算合理	不太合理
	组分质量百分比之和是否科学合理	十分合理	比较合理	还算合理	不太合理
	组分含量不确定性	极小	较小	较大	过大
	采样方法是否先进	先进	较先进	一般	落后
	分析方法是否先进	先进	较先进	一般	落后

注：主观性评价采用专家打分

表 5-9　源成分谱等级评价打分细则

评价类型	权重 1	评价项目	权重 2	打分情况			
客观性评价	50%	成分谱构建的年份	15%	5	3	2	1
		样品数目	15%	5	3	2	1
		采样方法是否符合规范	20%	5	3	1	0
		样品运输储藏是否符合规范	10%	5	3	1	0
		颗粒物质量浓度分析是否符合规范	10%	5	3	1	0
		水溶性阴阳离子分析是否符合规范	10%	5	3	1	0
		金属元素测定是否符合规范	10%	5	3	1	0
		OC/EC 分析是否符合规范	10%	5	3	1	0
主观性评价	50%	与同类源成分谱相比	20%	5	3	1	0
		特征组分含量是否科学合理	15%	5	3	1	0
		特征组分比值是否科学合理	15%	5	3	1	0
		组分质量百分比之和是否科学合理	10%	5	3	1	0
		组分含量不确定性	20%	5	3	1	0
		采样方法是否先进	10%	5	3	1	0
		分析方法是否先进	10%	5	3	1	0

计算规则：客观性评价得分=Σ（项目分值×项目权重）；主观性评价得分=Σ（项目分值×项目权重）；总分值=0.5×客观性评价得分+0.5×主观性评价得分。若有一个评价项目得分为 0，总分值即为 0。

等级划分规则见表 5-10。

表 5-10　等级划分规则

总分值	等级	总分值	等级
4~5	A（优秀）	1~2	D（合格）
3~4	B（良好）	0	E（淘汰）
2~3	C（中等）		

源谱有效性评价方法分为两方面：一方面是利用统计学方法，如分歧系数（coefficient divergence，CD）、浓度对数图、聚类分析、相关分析等定量比较源成分谱之间的相似性

或者差异性。还可以使用受体模型反算的方法模拟出源成分谱，再与实测的源成分谱进行比较，从而评价实测的源成分谱是否具有空间代表性。分歧系数、浓度对数图、聚类分析和相关分析等方法被应用于定量比较颗粒物组分的差异。理论上，来源于同一类污染源的颗粒物成分谱之间的差异性较小（相似性较强）。以上评价方法可以初步定性或定量地实现源成分谱相似性（差异性）评价。另一方面是从源谱的采样方法、分析方法等影响因素出发，使用多因素方差分析、非参数 Kruskal-Wallis 检验分析等方法分析评价对源谱影响较大的因素。

分歧系数是用来确定成分谱相似程度的统计指标，其计算公式如下（Wongphatarakul et al.，1998；Zhang and Friedlander，2000；Massoud et al.，2011；吴虹等，2013）：

$$CD_{jk} = \sqrt{\frac{1}{p}\sum_{i=1}^{p}\left(\frac{x_{ij}-x_{ik}}{x_{ij}+x_{ik}}\right)^2} \tag{5-6}$$

式中，CD_{jk} 为成分谱 j 和成分谱 k 的分歧系数；p 为参与计算的化学成分的个数；x_{ij} 和 x_{ik} 分别为成分谱 j 和成分谱 k 中第 i 个组分的质量分数（%）。

分歧系数 CD 的取值范围为 0～1（姬亚芹，2006）。如果两条成分谱中的组分含量非常相似，那么 CD 就会接近于 0；如果成分谱之间的组分差异较大，CD 就会较大，甚至趋向于 1。CD=0.3 通常被用于作为判断相似与否的划分标准。

相关系数（correlation coefficient）是用以反映变量之间相关关系密切程度的统计指标。要根据变量的分布类型选择合适的相关系数来进行相关性分析。正态分布以及近似正态分布的变量使用皮尔逊（Pearson）相关公式来计算相关系数，而不符合正态分布的变量使用斯皮尔曼（Spearman）相关公式来计算相关系数。对于两个变量 X 和 Y，通过试验可以得到 n 个数据组，记作（x_i, y_i）（i=1，2，3，…，n），皮尔逊相关系数 r 计算公式如下（杨帆等，2014）：

$$r = \frac{\sum_{i=1}^{n}(x_i-\bar{x})(y_i-\bar{y})}{\sqrt{\sum_{i=1}^{n}(x_i-\bar{x})^2\sum_{i=1}^{n}(y_i-\bar{y})^2}} \tag{5-7}$$

式中，$\bar{x}$、$\bar{y}$ 分别为 n 个实验值的平均值。

皮尔逊相关系数 r 的取值区间为 -1～1。r 的绝对值越接近 1，说明两个变量 X 和 Y 的线性相关程度越高。

斯皮尔曼相关系数 θ 计算公式如下（姬亚芹，2006）：

$$\theta = \frac{\sum_{i=1}^{n}(X_i-\bar{X})(Y_i-\bar{Y})}{\sqrt{\sum(X_i-\bar{X})^2}\sqrt{\sum_{i=1}^{n}(Y_i-\bar{Y})^2}} \tag{5-8}$$

式中，θ 为总体 X 和 Y 的相关系数；X_i 为第 i 个 x 值的秩；Y_i 为第 i 个 y 值的秩；$\bar{X}$、$\bar{Y}$ 分别为 X_i、Y_i 的平均值。

斯皮尔曼相关系数 θ 的取值区间为-1～1。θ 的绝对值越接近 1，说明两个变量 X 和 Y 的线性相关程度越高。

聚类分析（cluster analysis）是依照某种准则对个体样本或变量进行客观分类的一种分析物以类聚统计方法，表示反应变量之间相似程度的统计量有欧几里得距离、切比雪夫距离等。

浓度图可以对源成分谱的相似性进行定性评价。它是指将两条源成分谱绘制在浓度-浓度坐标系中。考虑到成分谱中不同化学组分的浓度差距较大，因此对化学组分的含量进行对数化处理，即采用对数-对数坐标。浓度对数图中的对角线上的点为浓度相等的组分，对角线上方被称作 y 轴的富集区（x 轴的贫瘠区）。相反地，在对角线下方区域为 x 轴的富集区（y 轴的贫瘠区）（姬亚芹，2006）。两条成分谱的化学构成越相近，浓度对数图中接近对角线的点越多。

下面以燃煤源成分谱为例，对其进行有效性评价研究。

5.2.1　评价指标

从源成分谱局部评价和整体评价两个层次出发，对燃煤源成分谱的有效性进行评价，主要考虑燃煤源成分谱中特征组分含量是否合理，特征组分比值是否符合普遍规律，成分谱中所有组分含量的相对大小关系是否符合普遍规律，因此选取以下三个指标对燃煤源成分谱的有效性进行评价：①特征组分含量；②特征组分比值；③与代表性源谱的相似性大小。

5.2.2　评价方法

燃煤源成分谱有效性评价包括局部评价和整体评价。局部评价包括成分谱特征组分含量评价和特征比值评价，而整体评价主要指的是使用余弦距离评价成分谱与代表性源谱的相似性。

5.2.2.1　源成分谱的局部评价

本书提出"偏离率"指标来实现对燃煤源成分谱的局部评价。偏离率指的是测试值相对于标准值的偏离程度。待评价的源成分谱中的某一评价指标相对于代表性成分谱的相对偏离程度即为该成分谱中某一特定指标的偏离率。以下详细介绍源成分谱局部评价的方法，主要包括特征组分含量评价和特征比值评价。

（1）特征组分含量评价

鉴于以往发布的研究成果往往将成分谱平均化，并没有考虑成分谱中各个化学组分的不确定性。本书认为，采用成分均值与置信区间相结合的方法来对源成分谱进行评价更为合理。本书采用以下公式来对源成分谱中单个化学组分含量的合理性进行评价：

$$\eta = \frac{|x - \bar{x}| \times 2}{d} \tag{5-9}$$

式中，η 为成分谱中某组分含量与代表性源成分谱中该组分含量的偏离率；x 为成分谱中某化学组分的含量（%）；$\bar{x}$ 为代表性源成分谱中该化学组分的含量均值（%）；d 为代表性源成分谱中该化学组分含量某置信水平下置信区间的长度（%）。

理论上讲，η 的值为 0～1 时，可以认为在一定的置信水平下源成分谱中该化学组分的含量是合理的，η 越接近 0，说明该化学组分的含量越具有代表性。当 η 大于 1 时，该化学组分的含量已经超出在特定置信水平下的可接受阈值，可认为此化学组分的含量无效或者认为没有代表性。

（2）特征比值评价

对于源成分谱特征比值的评价方法，与单个化学组分含量的合理性评价方法相近，可以采用以下公式进行评价：

$$\theta = \frac{|r - \bar{r}|}{s} \tag{5-10}$$

式中，θ 为成分谱中组分比值与代表性源成分谱中该比值的偏离率；r 为成分谱中特征比值；$\bar{r}$ 为代表性源成分谱中特征比值均值；s 为代表性源成分谱中该特征比值的标准偏差。

理论上讲，θ 的值为 0～1 时，可以认为在一定的置信水平下源成分谱中该特征比值是合理的，θ 越接近 0，说明该特征比值越具有代表性。当 θ 大于 1 时，该特征比值已经超偏离正常情况下同类源谱的特征比值可接受的阈值，可认为此特征比值没有代表性，进而认为构成特征比值的两个化学组分含量缺乏代表性。

5.2.2.2 源成分谱的整体评价

目前，应用于成分谱整体相似性比较的方法主要有分歧系数法、相关系数法和聚类分析法等。本书提出一种新的可以应用于源成分谱相似性比较的方法——余弦距离法。

余弦距离，也称为余弦相似度，是用向量空间中两个多维向量夹角的余弦值作为衡量两个个体间差异大小的度量（张明等，2005；陈仕鸿和刘晓庆，2017）。向量，是多维空间中有方向的线段，如果两个向量的方向一致，即夹角接近零，那么这两个向量就相近。而要确定两个向量方向是否一致，这就要用到余弦定理计算向量的夹角。

向量 $\boldsymbol{a}$ 与向量 $\boldsymbol{b}$ 之间的余弦距离表达式为

$$\cos <\boldsymbol{a}, \boldsymbol{b}> = \frac{\boldsymbol{a} \cdot \boldsymbol{b}}{\|\boldsymbol{a}\| \times \|\boldsymbol{b}\|} \tag{5-11}$$

余弦距离的主要特性是相似度的大小不依赖于向量的幅值，只依赖于向量的方向（邵昌昇等，2011）。余弦距离目前被广泛应用于指纹分析（张泰铭等，2011）、文本分类（彭凯，2013）、文本相似度查询（朱云峰，2013；刘妍，2014）等研究领域。

源成分谱由颗粒物的化学组分以及相应的百分含量组成。当成分谱中各组分的相对排列位置固定时，便将成分谱看作有序的非负数集，或者说一个非负向量。用余弦距离比较两个源成分谱的相似性，只需要计算向量化后的两个源成分谱之间的余弦值，余弦值越大，说明两个成分谱在向量空间中的夹角越小，两个源成分谱越相似。

与其他相似性计算的方法相比，余弦距离有以下几个优势：①"将源成分谱向量化"的概念明确易懂，计算原理等容易被接受。②虽然理论上源成分谱中各个化学组分的占比加和应为 1，但在实际测量中，化学组分的分析方法和部分化学组分缺失等问题导致源成分谱中化学组分的加和并不满足 1，而且不同的源成分谱中化学组分加和并不相等，这就降低了传统的基于欧氏距离的聚类分析和分歧系数法的准确性。但是，余弦距离的计算不依赖于化学组分绝对含量的大小，只与相对大小关系有关。因此，化学组分加和并不相等的源成分谱使用余弦距离进行比较时也并不会产生偏差。

因此，采用余弦距离来对源成分谱进行整体评价时，首先需要识别该条源成分谱属于哪一精细化类，然后计算该成分谱与该类燃煤源代表性源成分谱的余弦距离，余弦距离越接近 1，说明该条源成分谱越具有代表性，也就是更有效。若余弦距离接近于 0，则说明该条源成分谱与该类源成分谱的差异较大，其代表性和有效性并不理想。

5.2.2.3　源成分谱评价案例

在南开大学大气污染源谱数据库中随机选取两条燃煤源成分谱，使用以上建立的燃煤源成分谱有效性评价指标对其有效性进行评价。

（1）案例 1

本案例中的燃煤源成分谱为一条静电除尘燃煤源 $PM_{2.5}$ 成分谱，通过与静电除尘类代表性燃煤源成分谱进行比较，从局部和整体两个层次进行了有效性评价。

局部评价部分：计算了组分含量及特征比值的偏离率。可以发现，此条源成分谱中大多数组分的含量偏离率都大于 1，只有个别组分含量偏离率小于 0.5，说明此条源成分谱中化学组分含量与代表性源谱中组分含量范围的差距较大。特征比值 Ca/Si 和 Ca/Zn 的偏离率均大于 1.5，与代表性源谱的特征比值差距较大，说明这三种化学组分的含量较为不合理。通过局部评价可以发现，此条源成分谱中多数组分含量较为不合理，有效性较差。表 5-11 和表 5-12 为偏离率的计算结果。

表 5-11　案例 1 中燃煤源成分谱化学组分含量的偏离率

组分	含量/%	偏离率	组分	含量/%	偏离率
Na	1.2	0.7	NO_3^-	9.7	2.2
Mg	1.9	0.6	SO_4^{2-}	4.7	0.9
Al	4.4	1.1	Na^+	6.4	0.0
Si	4.8	0.2	NH_4^+	5.8	1.6
K	17.2	2.0	K^+	0.7	1.4
Ca	0.2	1.6	Mg^{2+}	13.6	2.1
Fe	3.0	0.4	Ca^{2+}	3.8	1.4
Zn	0.4	1.7	OC	1.0	1.3
Cl^-	7.1	0.3	EC	1.2	0.7

表 5-12　案例 1 中燃煤源成分谱化学组分特征比值的偏离率

特征比值	比值	偏离率
Ca/Si	0.03	1.7
Ca/Zn	0.4	1.8

整体评价部分：通过计算此条源成分谱与代表性源成分谱的余弦距离，得到余弦距离的值为 0.64，说明此条源成分谱与代表性源成分谱的相似性偏低，表明其有效性并不理想。

（2）案例 2

本案例中的燃煤源成分谱为一条布袋除尘燃煤源 $PM_{2.5}$ 成分谱，通过与布袋除尘类代表性燃煤源成分谱进行比较，从局部和整体两个层次进行了有效性评价。

局部评价部分：计算了组分含量及特征比值的偏离率。可以发现，此条源成分谱中除了个别组分的含量偏离率大于 1 之外，绝大部分组分含量偏离率都小于 0.5，说明此条源成分谱中化学组分的含量范围较为合理。特征比值 Fe/EC 的偏离率为 0.3，进一步证明了这两种组分的含量较为合理。通过局部评价可以发现，此条源成分谱中化学组分含量较为合理，有效性较好。表 5-13 和表 5-14 为偏离率的计算结果。

表 5-13　案例 2 中燃煤源成分谱化学组分含量的偏离率

组分	含量/%	偏离率	组分	含量/%	偏离率
Na	0.2	0.6	NO_3^-	7.3	0.4
Mg	1.9	0.3	SO_4^{2-}	8.8	0.2
Al	2.1	0.4	Na^+	5.8	0.2
Si	4.2	0.2	NH_4^+	6.6	0.2
K	2.8	0.3	K^+	7.7	1.0
Ca	15.4	0.3	Mg^{2+}	0.6	0.6
Fe	5.2	1.5	Ca^{2+}	8.8	0.3
Zn	0.8	0.6	OC	12.2	1.6
Cl^-	9.3	0	EC	3.2	1.4

表 5-14　案例 2 中燃煤源成分谱化学组分特征比值的偏离率

特征比值	比值	偏离率
Fe/EC	1.6	0.3

整体评价部分：通过计算此条源成分谱与代表性源成分谱的余弦距离，得到余弦距离的值为 0.94，接近于 1。说明此条源成分谱与代表性源成分谱的相似性较高，表明其有效性较好。

5.3　小　　结

本章介绍了综合源谱的构建原理、影响因素与具体方法，将常规组分、同位素、气态污染物、粒径谱和有机物等多种示踪组分或理化属性纳入综合源谱，获得了多种典型源类的大气污染多组分综合源谱与化学组分特征；结合多因素多变量方差分析、非参数检验等统计学方法识别源谱主要影响因素；使用标准偏差、标准误差、变异系数评价每类源数据或各源类标识信息数据的同质性和不确定性；从源成分谱局部评价和整体评价两个层次出发，对源谱的有效性进行评价，利用"偏离率"指标来实现对燃煤源成分谱的局部评价，利用分歧系数法、相关系数法和聚类分析法和余弦距离法对源谱进行整体评价，评估了综合源谱与传统源谱对源类区分的能力差异。

第6章 源谱数据库系统平台

为便于快速查询、统计与管理各类重要的源谱数据，大气颗粒物源谱数据库得以构建。本章对南开大学大气污染源谱数据库的基本功能、架构以及操作过程进行介绍。

6.1 总体架构与功能设计

在总体设计思路上，基于搜集梳理国内外已有源谱资料，通过制定源谱构建规范，探索动态更新机制，构建源谱有效性评价指标体系，建设大气颗粒物源谱数据库系统平台，实现源谱的快速检索、科学分类、质量评价、数学统计、动态更新与实时共享等功能，为大气污染防治科技支撑工作提供关键信息基础。数据库包含对源样品进行物理、化学分析得到的数十种元素、离子、碳组分含量及其偏差数据，同时也要包含源样品的详细采集位置、采集时间、排放特征以及相应化学分析方法等信息，还包含数据来源、发布单位等重要信息。

在架构上，包括首页、数据分析、数据管理以及源成分谱数据的导入、更新等三个功能模块，如图6-1所示。首页主要展示系统当前存储的源谱统计数量及样品采样点在全国的分布情况；数据分析模块的功能是对这些数据进行统计分析及有效性和异常值分析的功能；数据管理的功能主要是用户数据的导入导出，用户查询权限内的源谱数据等

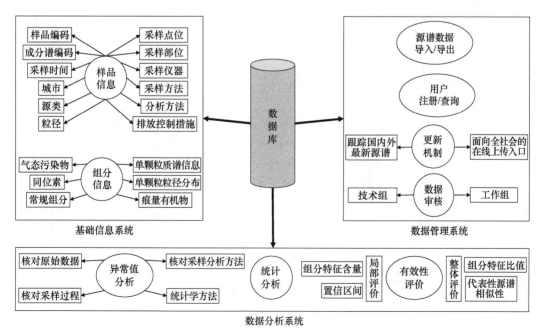

图6-1 总体架构

功能。在数据有效性评价上，从局部评价和整体评价的角度出发，通过特征组分含量及置信区间、特征比值与代表性源谱的相似性大小这三方面构建有效性评价指标体系，并基于已有源谱库信息，开展共享源谱信息的有效性评价工作。在更新机制上，跟踪国内外最新源谱成果，建立激励与督促有关科研单位与地方部门积极更新上传最新源谱信息的机制。在工作机制上，组成平台建设技术组与工作组，技术组由专家学者及相关业务单位人员组成，负责共享平台技术层面的顶层设计与技术方法的总体把握；工作组由工作方案具体执行团队组成，下设资料小组、评价小组、软件开发小组与规范编制小组等具体执行小组。定期召开技术组研讨会议，及时解决资料共享进度及动态更新机制等问题。

目前，本书所构建的源谱库系统平台已可对各类源谱数据整合分析，用于记录、检索、分析、导出颗粒物源成分谱，可为各类相关研究与管理需求提供关键源谱数据支撑。已记录了多年工作中积累的 40 余个城市的 $PM_{0.1}$、$PM_{1.0}$、$PM_{2.5}$、PM_{10}、TSP 和单颗粒等不同粒径的近 3000 条污染源成分谱信息以及国内外发表的源谱数据，如表 6-1 所示，同时包含了源谱采集方法、时间等重要信息，并持续更新。用户可以根据需求，有目的性地检索、分析、导出数据库中相应的污染源成分谱，登录界面如图 6-2 所示。

表 6-1 数据库现有源谱基本信息

源类	子源类	城市名称	数量
固定燃烧源	电厂燃煤	安阳、包头、常州、成都、贵阳、合肥、菏泽、呼和浩特、葫芦岛、湖州、济南、开封、洛阳、南昌、南京、南宁、攀枝花、泰安、天津、乌鲁木齐、武汉、无锡、西安、扬州、长治	267
	工业锅炉	包头、成都、鄂尔多斯、合肥、菏泽、呼和浩特、葫芦岛、洛阳、南昌、南宁、攀枝花、石家庄、天津、潍坊、乌海、武汉、烟台、扬州	189
	民用锅炉	菏泽、葫芦岛、洛阳、天津、西安	26
	民用散烧	北京、石家庄、天津、邢台	16
	垃圾焚烧	天津	2
	生物质锅炉燃烧	南宁、烟台	50
工艺过程源	钢铁	安阳、包头、贵阳、南昌、济南、石家庄、天津、潍坊、无锡、武汉、烟台、长治	109
	建材	北京、成都、南昌、南京、彭州、石家庄、天津、武汉、烟台、西安、扬州	58
	石油化工	攀枝花、烟台	8
	有色冶金	天津、南京、乌鲁木齐、烟台	14
	废弃物处理	武汉、烟台	6
移动源	道路移动源	天津、西安、深圳、无锡	50
	非道路移动源	青岛、烟台	32
生物质燃烧源	户用燃烧	成都、天津、邢台	24
	露天焚烧	天津	12
	其他	南昌、天津、西安	9
扬尘源	城市扬尘	安阳、包头、成都、鄂尔多斯、贵阳、邯郸、合肥、菏泽、呼和浩特、葫芦岛、济南、开封、兰州、洛阳、南昌、南京、南宁、攀枝花、深圳、石家庄、泰安、天津、乌鲁木齐、无锡、武汉、西安、烟台、扬州	941

续表

源类	子源类	城市名称	数量
扬尘源	道路扬尘	安阳、成都、贵阳、邯郸、葫芦岛、开封、洛阳、南昌、南京、攀枝花、深圳、乌鲁木齐、无锡、扬州	183
	堆场扬尘	南昌、攀枝花	10
	施工扬尘	安阳、包头、成都、贵阳、菏泽、呼和浩特、湖州、济南、开封、兰州、洛阳、南昌、南宁、泰安、天津、无锡、武汉、扬州	221
	土壤风沙尘	安阳、包头、成都、鄂尔多斯、贵阳、邯郸、菏泽、呼和浩特、葫芦岛、湖州、济南、开封、兰州、洛阳、南昌、南京、南宁、深圳、石家庄、泰安、天津、乌鲁木齐、无锡、武汉、烟台、扬州	605
	其他	湖州、攀枝花	14
其他源	餐饮源	成都、天津、武汉	34

图 6-2　源谱库平台登录界面

6.2　源谱分类与编码体系

源样品及分析后获得的源谱均通过编码进行标识，整理入库。每条源样品编码对应一个源样品，每一个源谱编码对应一条源谱，而一个源样品编码可同时对应多个源谱编码。

（1）源样品编码

省份简称（固定 1 位：拼音首字母缩写）+城市名称（固定 4 位：从第一位开始，拼音首字母缩写，不足位数用"O"补齐）+二级源类别（固定 4 位：从第一位开始，拼音首字母缩写，不足位数用"O"补齐，参考表 6-1）+采样年月日（固定 8 位）+样品序号（固定 2 位）。

（2）源谱编码

源谱编码为相应的源样品编码+源谱序号（固定 2 位）。源谱序号为区分不同粒径的源谱而设置。

（3）附加信息

编码作为二级源类的简单标识，如没有相应二级源类对应，可自行补充到颗粒物源类划分中。详细的成分谱信息需另外添加字段进行标注。每类源需补全其相应的一级源类和三级源类类别，采样时具体点位名称、经纬度、采样人、采样日期、周围情况等；另外需要的附加信息列表如表6-2和表6-3所示。

表6-2　一级和二级源类及附加信息

一级源类	二级源类	对应编码	附加信息
固定燃烧源	燃煤源	RMOO	锅炉型号、吨位、燃烧方式、除尘设施、采样方式、采样位置
	垃圾焚烧	LJFS	使用成型燃料类别、除尘设施、采样方式、采样位置
工艺过程源	钢铁	GTOO	窑炉类型、除尘方式、采样方式、采样位置
	有色冶金	YSYJ	
	建材	JCOO	
	石油化工	SYHG	
	废弃物处理	FQWC	
	其他	GYQT	
移动源	道路移动源	DLYD	车型种类、尾气排放标准、采样方式、采样位置
	非道路移动源	FDLY	车型种类、机龄、所处功率段、尾气排放标准、采样方式、采样位置
扬尘源	土壤风沙尘	TRFS	道路类型、施工阶段、料堆类型、采样方式
	道路尘	DLCO	
	施工扬尘	SGYC	
	堆场扬尘	DCYC	
	城市扬尘	CSYC	
	其他	YCQT	
生物质燃烧	露天焚烧	LTFS	生物质类型
	户用燃烧	HYRS	生物质类型
	锅炉燃烧	GLRS	生物质类型、净化设施
	其他	SWQT	—
其他源类	海洋粒子	HYLZ	—
	餐饮源	CYOO	类型、客流量、灶头数、油品、是否有油烟净化设施
	其他	QTOO	—

表6-3　三级源类

一级源类	二级源类	三级源类
固定燃烧源	燃煤源	电厂燃煤、工业燃煤、工业锅炉、民用锅炉、民用燃煤
	垃圾焚烧	无提示信息
工艺过程源	钢铁	焦化、炼钢、炼铁、烧结、熄焦、其他
	有色冶金	电解铝、氧化铝、粗铜、粗铝、粗锌、电解锌、氧化锌、蒸馏锌、锌焙砂、其他
	建材	水泥、砖瓦、石灰、陶瓷、玻璃、其他
	石油化工	炼焦、原油生产、其他
	废弃物处理	无提示信息
	其他	无提示信息

续表

一级源类	二级源类	三级源类
移动源	道路移动源	汽油、柴油、天然气、其他
	非道路移动源	柴油、航空煤油、其他
扬尘源	土壤风沙尘	无提示信息
	道路尘	道路材质
	施工扬尘	施工阶段
	堆场扬尘	物料类型
	城市扬尘	无提示信息
	其他	无提示信息
生物质燃烧	露天焚烧	无提示信息
	户用燃烧	无提示信息
	锅炉燃烧	无提示信息
	其他	无提示信息
其他源类	海洋粒子	无提示信息
	餐饮源	无提示信息
	其他	无提示信息

6.3　系统有效性评估模块

　　成分谱中存在着一些离群值，会影响源谱的数据乃至模型的计算。异常值指数据中的个别值，其数值明显偏离其他同类监测数值。在分析和运用成分谱之前，需要进行数据的检验处理，以判断和剔除异常值。异常值可能是处于合理的统计误差范围内的极值，和其他数据属于同一总体，不能随便剔除；也可能是由实验方法和实验条件的偶然偏离所产生，或产生于在采样、计算、记录中的失误，与其他数据不属于同一整体，应予以剔除。通过对成分谱数据有效性的检验，可以确保其数据的质量，为建立合理可靠的研究区域源成分谱提供依据。

　　模块检验的第一步是开展初步检测，纳入数据库的源谱原则上应满足以下条件。

　　1）总量：所有化学总分的含量（质量百分比）之和须小于 100%。

　　2）元素：元素含量（质量百分比）之和小于 50%。

　　3）离子：总阴离子含量（质量百分比）之和小于 60%。

　　4）总碳：不同源类间差别很大，根据具体情况分析。

　　5）对比：与数据库中的现有成分谱进行对比，检查各组分数据含量变化情况。

　　对于经过初步检验的成分谱，还需要采用数理统计的方法对其数据按一定规则进行科学的有效性检验。通常取显著性水平 $\alpha=0.05$ 或 $\alpha=0.01$，选择 0.05 时剔除粗差更为严格一些，而 α 选 0.01 则相对保守。在讨论异常值检验问题时，通常要假设所得样本观测值在某种意义下遵从一定的分布规律。其中，正态分布是统计学中最常见也是最重要的一种分布，许多分布都可经适当变换化为正态分布，由于成分谱中各个组分的数据小于100 个，采用格鲁布斯（Grubbs）检验法进行检验。

模块对于识别出的异常值加以诊断并做出相应处理。

1）原始数据检查：对出现异常值的样品的原始数据进行核对，包括采样、称量、分析等各个环节，查看有无过失误差。

2）方法检查：对异常值样品的分类、采样方法及分析方法进行检查，分析是否存在错误。

3）过程检查：检查异常值样品的采样、称量、分析过程是否存在失误或样品受到污染。

4）处理原则：如果源谱存在上述原因引起的显著异常值，应将其舍弃；如果存在极值，尽管它明显地偏大或偏小，若在统计上仍处在合理的误差限内，不能将其判为异常值。

6.4　系统数据分析模块

数据分析模块主要实现数据的展示及计算分析功能。

（1）数据查询

单击数据分析模块，页面默认跳转至数据分析模块的数据查询界面，在数据查询界面可以查询用户权限范围内的数据。查询条件如果不进行选择则默认该查询条件没有限制，查询所有数据。查询的时间默认设置为最近一年内的源谱数据，如图 6-3 所示。查询到的样品信息主要包括样品编码、成分谱编码、采样时间、城市、源类、采样部位、采样点位、采样方法、采样仪器、粒径、分析组分、分析方法、排放控制措施等。组分包括气态污染物、同位素、常规组分、单颗粒质谱信息、单颗粒粒径分布规律和痕量有机物。

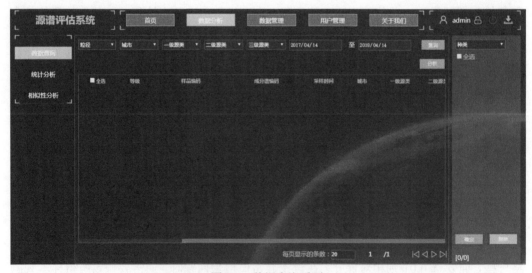

图 6-3　数据查询页面

（2）统计分析

统计分析功能主要是分析展示选中的数据，数据的展示形式为柱状图，如图 6-4 所示。查看数据的详情后，单击统计分析菜单，进入统计分析界面，单击柱状图就可以查看对应的分析图。

（3）相似性分析

单击相似性分析菜单进入相似性分析界面，单击分析按钮，就可以对选中的数据进行相似性分析，如图 6-5 所示。

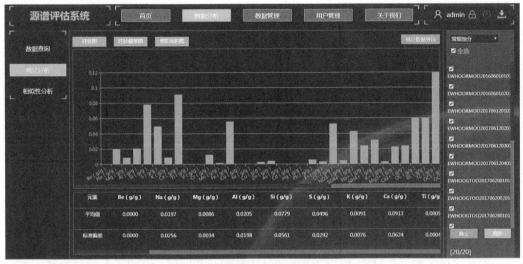

图 6-4　柱状图

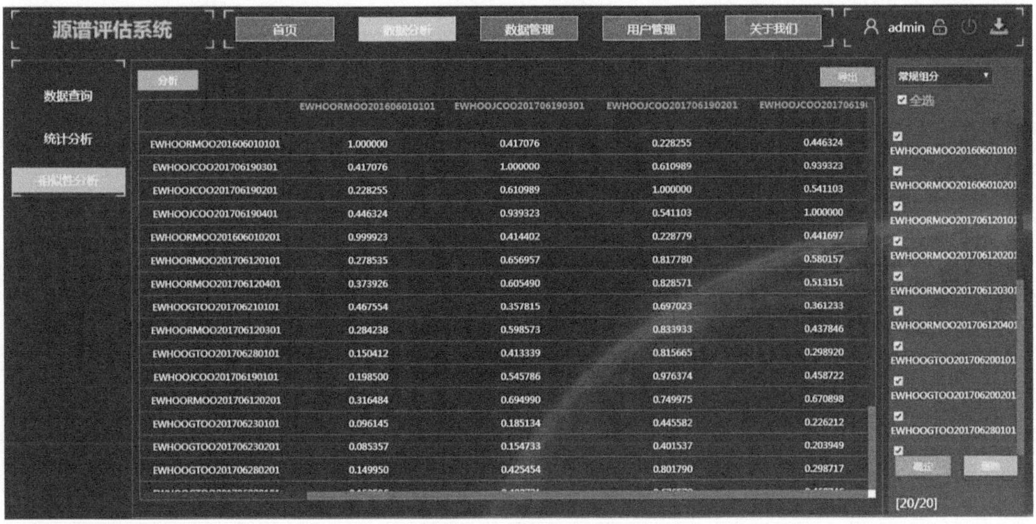

图 6-5　相似性分析

第7章 结论与展望

7.1 结 论

（1）提出源谱内涵与发展阶段

本书系统总结梳理了源谱的内涵、特性、起源、发展及其作用，提出了世界源谱研究发展的三个阶段，即萌芽期、起步期与全面发展期；对比了国内外主流源谱库的架构与规模，并对国内外源谱的研究现状与存在问题进行了梳理总结。

（2）构建源谱的分类规范体系，以满足源谱构建需求

本书基于不同源类排放颗粒物污染的产生原理和具体过程，通过分析我国自然禀赋、经济社会、能源结构、产业结构与污染现状，建立了颗粒物排放源分类规范和分级分类体系。该体系将我国主要颗粒物排放源分为六大一级源类、23 种二级源类与 50 种三级源类，涵盖了我国大气颗粒物各类排放源；提出了典型源类的推荐配色方案。

（3）规范源类的采样分析方法，统一采样分析标准

本书综述了源谱构建中主流的源采样分析技术及其发展，介绍了采样分析技术的原理和具体分析方法，包括样品制备方法、仪器分析流程与质控方法等，比较了不同方法的优缺点。综合考虑各源类排放特点与源谱构建需求，提出了各源类推荐采样方法与典型化学组分的推荐分析方法。依托稀释通道采样法，建立了燃烧源类样品采集的方法体系，提高了样品采集的可靠性和真实性；对于扬尘等无组织排放源，基于再悬浮采样法，研发了开放源颗粒物采样技术方法；在构建与环境受体相匹配的化学组分分析方法的基础上，建立了污染源样品同位素分析技术方法。结合各源类排放特点，提出了各源类推荐采样方法：固定燃烧源采用稀释通道采样法或烟道内直接采样法；扬尘源采用再悬浮采样法；移动源采用隧道法或稀释通道采样法；生物质燃烧源采用稀释通道采样法；餐饮源采用稀释通道采样法或无组织采样法。

（4）形成源谱的构建技术规范，研发源谱数据平台

将常规组分、同位素、气态污染物、粒径谱和有机物等多种示踪组分或理化属性纳入综合源谱，获得了多种典型源类的大气污染多组分综合源谱与化学组分特征；形成了大气污染多组分综合源谱构建技术规范；评估了综合源谱与传统源谱对源类区分的能力差异，结果表明，综合源谱有效提高了源谱个性和代表性，可为源解析技术的精准化、精细化和在线化提供关键基础。方法在全国 10 个典型城市进行了应用，采集了典型污染源样品，开展了无机元素、水溶性离子、有机碳、元素碳、同位素、复杂有机物、粒径分布及单颗粒、气态污染物等的化学分析，获得 138 条源谱，分析了源谱的构成特征。整合源谱理化特征信息，研发了源谱数据库及其在线共享平台。

7.2　展　　望

　　未来，大气颗粒物污染源谱研究面临诸多新挑战、新需求与新机遇，总的发展可概括为以下两方面。

　　在源谱构建上，不断发展与应用新的采样分析技术，提升样品采集的代表性与真实性，提高样品化学分析的准确性，特别在超低排放情景下高温高湿烟气样品采集上急需发展更为高效可靠的采样技术；不断丰富与完善源谱内涵，将更多理化信息纳入源谱，特别关注一些痕量的、新兴的污染成分，同时将更丰富的同位素信息、更高分辨率的形貌特征、各类单颗粒质谱信息更好地融入源谱体系，实现污染源排放颗粒物理化特征的综合表征；不断探索更加系统与综合的源谱构建与有效性评价技术，污染源排放信息在一定尺度上符合大数据信息特征，在与受体资料充分耦合的基础上，基于大数据的人工智能技术有望在污染源谱构建中发挥重要作用；同时，源谱质量或有效性的评价在未来依然是研究重点，如何综合运用多维手段，跳出源谱构建的单一范畴，在受体响应等更大视角下实现源谱有效性评估，是未来发展的重要方向。

　　在源谱应用上，在管理层面，围绕源谱构建涉及的各个环节与关键技术，在国家或行业层面制定相关标准规范或技术指南，从样品采集、理化分析、数据处理、模型计算到质量评估，针对不同污染源特点，构建规范化可操作的指南体系，便于源谱构建工作的推广；在落地应用层面，根据我国大气污染源发展的新趋势、新情况，不断推动源谱种类的精细化，持续丰富源谱数量，开展源谱构建的业务化推广，在推广中发现问题，反馈源谱构建研究，实现研究与应用的双向反馈；依托大数据技术，发展生成式 AI 智能化源谱数据库，建立源谱动态更新与合作共享机制。

参 考 文 献

毕晓辉. 2007. 天津市区大气碱性颗粒物来源及酸雨预测模型研究. 天津: 南开大学博士学位论文.

陈仕鸿, 刘晓庆. 2017. 基于余弦距离的中文问答系统中问句相似度计算. 福建电脑, 33 (02): 31-32.

陈颖军. 2004. 家用蜂窝煤燃烧烟气中碳颗粒物和多环芳烃的排放特征. 广州: 中国科学院广州地球化学研究所博士学位论文.

戴树桂, 朱坦, 曾幼生, 等. 1986. 天津市区采暖期飘尘来源的解析. 中国环境科学, 6(4): 24-30.

戴树桂, 朱坦, 曾幼生, 等. 1987. 天津市工业与民用燃煤烟尘成分特征的研究. 环境科学, 8(4): 18-23.

范海燕. 2004. 煤燃烧超细颗粒物及其重金属生成与分布特征研究. 杭州: 浙江大学硕士学位论文.

郭莘. 2013. 中国汽油质量升级现状分析及发展建议. 石油商报, 31(3): 4-11.

韩博, 冯银厂, 毕晓辉, 等. 2009. 无锡市区环境空气中 PM_{10} 来源解析. 环境科学研究, 22: 35-39.

姬亚芹. 2006. 城市空气颗粒物源解析土壤风沙尘成分谱研究. 天津: 南开大学博士学位论文.

江忠伟. 2017. 利用广义特征值改进多元方差分析效率的探讨. 兰州: 兰州财经大学硕士学位论文.

李光辉. 2016. 中国市售车用汽柴油中硫和烃类含量现状研究. 广州: 中国科学院广州地球化学研究所硕士学位论文.

刘刚, 姚祁芳, 杨辉. 2008. 汽车尾气烟尘中有机碳和元素碳的稳定同位素组成. 环境与健康杂志, 25(9): 822-823.

刘丽. 2010. 钢铁业上市公司董事会特征的行业差异性研究——基于汽车、有色、石化业的对比分析. 现代管理科学, (3): 42-43, 97.

刘妍. 2014. 基于 Lucene 的余弦距离检测文档相似度方法的研究. 信息系统工程, (4): 129-130, 142.

陆炳, 孔少飞, 韩斌, 等. 2011. 燃煤锅炉排放颗粒物成分谱特征研究. 煤炭学报, 36(11): 1928-1933.

马召辉, 梁云平, 张健, 等. 2015. 北京市典型排放源 $PM_{2.5}$ 成分谱研究. 环境科学学报, 35(12): 4043-4052.

南开大学大气污染源谱数据库. http://www.nkspap.com/.

彭凯. 2013. 基于距离度量学习的文本分类研究. 上海: 上海交通大学硕士学位论文.

齐堃, 戴春岭, 冯媛, 等. 2015. 石家庄市 $PM_{2.5}$ 工业源成分谱的建立及分析. 河北工业科技, 32(1): 78-84.

秦建光, 余春江, 聂虎, 等. 2010. 秸秆燃烧中温度对钾转化与释放的影响. 太阳能学报, 31(5): 540-544.

邵昌昇, 楼巍, 严利民. 2011. 高维数据中的相似性度量算法的改进. 计算机技术与发展, 21(2): 1-4.

唐喜斌, 黄成, 楼晟荣, 等. 2014. 长三角地区秸秆燃烧排放因子与颗粒物成分谱研究. 环境科学, 35(4): 1623-1632.

田兵. 2013. Kruskal-Wallis 秩和检验及其应用. 通化师范学院学报(自然科学), 34(5): 13-14, 18.

田杰. 2016. 基于实验室模拟我国农作物秸秆与家用煤炭燃烧的 $PM_{2.5}$ 排放特征研究. 西安: 中国科学院地球环境研究所博士学位论文.

王刚, 郎建垒, 程水源, 等. 2015. 重型柴油车 $PM_{2.5}$ 和碳氢化合物的排放特征. 中国环境科学, 35(12): 3581-3587.

王桂霞. 2013. 北京市餐饮源排放大气颗粒物中有机物的污染特征研究. 北京: 中国地质大学硕士学位论文.

王慧, 李阳萍. 2013. 基于多元方差分析的我国中部六省新型工业化水平差异性研究. 科技管理研究, 33(11): 93-98.

王淑兰, 柴发合, 周来东, 等. 2006. 成都市大气可吸入颗粒物来源解析研究. 地理科学, 26(6): 717-721.

王玉珏, 胡敏, 王渝, 等. 2016. 秸秆燃烧排放 $PM_{2.5}$ 特征及影响因素研究. 化学学报, 74(4): 356-362.

王珍, 郭军, 陈卓. 2016. 贵阳市 $PM_{2.5}$ 主要污染源源成分谱分析. 安全与环境学报, 16(2): 346-351.

吴虹, 毕晓辉, 冯银厂, 等. 2013. 天津市大气颗粒物源成分谱特征研究. 2013 中国环境科学学会学术年会论文集(第五卷): 4812-4818.

夏泽群, 范小莉, 黄志炯, 等. 2017. 国内外 $PM_{2.5}$ 源谱对比及其对空气质量模拟效果的影响. 环境科学研究, 30(3): 359-367.

闫东杰, 刘树军, 黄学敏, 等. 2016. SO_2 和 H_2O 对 Mn-Ce/TiO_2 催化剂低温 SCR 活性的影响. 安全与环境学报, 16(5): 208-312.

严沁, 孔少飞, 刘海彪, 等. 2017. 中国民用燃煤排放细颗粒物中水溶性离子清单及减排启示. 中国环境科学, 37(10): 3708-3721.

杨帆, 冯翔, 阮羚, 等. 2014. 基于皮尔逊相关系数法的水树枝与超低频介损的相关性研究. 高压电器, 50(6): 21-25, 31.

杨国威, 孔少飞, 郑淑睿, 等. 2018. 民用燃煤排放分级颗粒物中碳组分排放因子. 环境科学, 39(8): 3524-3534.

张德义. 2000. 中国汽油生产的发展和无铅化的实现. 石油商报, (2): 1-4.

张鹤丰. 2009. 中国农作物秸秆燃烧排放气态、颗粒态污染物排放特征的实验室模拟. 上海: 复旦大学博士学位论文.

张建强, 王莹, 彭林, 等. 2012. 太原市 PM_{10} 及其污染源中碳的同位素组成. 中国环境科学, 32(6): 968-972.

张林泉. 2014. 多独立样本 Kruskal-Wallis 检验的原理及其实证分析. 苏州科技学院学报(自然科学版), 31(1): 14-16, 38.

张明, 袁益超, 刘聿拯. 2005. 生物质直接燃烧技术的发展研究. 能源研究与信息, 21(1): 15-20.

张泰铭, 赵哲, 方宣启, 等. 2011. 利用样本成分耗散物的非线性化学指纹图谱原理及相似度计算与评价. 中国科学: 化学, 41(10): 1604-1621.

赵丽, 张丹, 周志恩, 等. 2015. 重庆市典型工业源颗粒物排放特征. 环境工程技术学报, 5(6): 447-454.

中国国家统计局. 2018. 中国能源统计年鉴 2018. 北京: 中国统计出版社.

中国能源研究所. 2013. 2020 年中国工业部门实现节能潜力的技术路线图研究. 北京: 中国科学技术出版社.

周楠, 曾立民, 于雪娜, 等. 2006. 固定源稀释通道的设计和外场测试研究. 环境科学学报, 26(5): 764-772.

朱坦, 冯银厂. 2012. 大气颗粒物来源解析: 原理、技术及应用. 北京: 科学出版社.

朱云峰. 2013. 余弦距离算法在固定资产管理系统中文本相似度查询的应用. 无锡商业职业技术学院学报, 13(6): 96-99.

Abdullahi K L, Delgado-Saborit J M, Harrison R M. 2018. Sensitivity of a Chemical Mass Balance model for $PM_{2.5}$ to source profiles for differing styles of cooking . Atmospheric Environment, 178: 282-285.

Alfaro S C, Gomes L, Rajot J L, et al. 2003. Chemical and optical characterization of aerosols measured in spring 2002 at the ACE-Asia supersite, Zhenbeitai, China. Journal of Geophysical Research, 108(D23): 8641.

Amato F, Pandolfi M, Escrig A, et al. 2009. Quantifying road dust resuspension in urban environment by Multilinear Engine: A comparison with PMF2. Atmospheric Environment, 43(17): 2770-2780.

Andreae M O, Merlet P. 2001. Emission of trace gases and aerosols from biomass burning. Global Biogeochemical Cycles, 15(4): 955-966.

Anwar F, Kazi T G, Saleem R, et al. 2004. Rapid determination of some trace metals in several oils and fats. Grasas Y Aceites, 55(2): 160-168.

Arimoto R, Zhang X Y, Huebert B J, et al. 2004. Chemical composition of atmospheric aerosols from Zhenbeitai, China, and Gosan, South Korea, during ACE-Asia. Journal of Geophysical Research,

109(D19): D19SO4.

Bandowe B A, Meusel H, Huang R, et al. 2016. Azaarenes in fine particulate matter from the atmosphere of a Chinese megacity. Environmental Science and Pollution Research, 23(16): 16025-16036.

Bi X H, Feng Y C, Wu J H, et al. 2007. Source apportionment of PM_{10} in six cities of northern China. Atmospheric Environment, 41(5): 903-912.

Cai T Q, Zhang Y, Fang D Q, et al. 2017. Chinese vehicle emissions characteristic testing with small sample size: Results and comparison. Atmospheric Pollution Research, 8(1): 154-163.

Cao J J, Chow J C, Watson J G, et al. 2008. Size-differentiated source profiles for fugitive dust in the Chinese Loess Plateau. Atmospheric Environment, 42(10): 2261-2275.

Cao J J, Shen Z X, Chow J C, et al. 2012. Winter and summer $PM_{2.5}$ chemical compositions in fourteen Chinese cities. Journal of the Air & Waste Management Association, 62(10): 1214-1226.

Cass G R, McRae G J. 1983. Source-receptor reconciliation of routine air monitoring data for trace metals: An emission inventory assisted approach. Environmental Science Technology, 17: 129-139.

Chen J M, Li C L, Ristovski Z, et al. 2017. A review of biomass burning: Emissions and impacts on air quality, health and climate in China. Science of the Total Environment, 579: 1000-1034.

Chen L W A, Moosmüller H, Arnott W P, et al. 2007. Emissions from laboratory combustion of wildland fuels: Emission factors and source profiles. Environmental Science & Technology, 41(12): 4317-4325.

Chen P L, Wang T J, Dong M, et al. 2017. Characterization of major natural and anthropogenic source profiles for size-fractionated PM in Yangtze River Delta. Science of the Total Environment, 598: 135-145.

Chen Y J, Bi X H, Mai B X, et al. 2004. Emission characterization of particulate/gaseous phases and size association for polycyclic aromatic hydrocarbons from residential coal combustion. Fuel, 83(7-8): 781-790.

Chen Y J, Sheng G Y, Bi X H. 2005. Emission factors for Carbonaceous Particles and Polycyclic Aromatic Hydrocarbons from residential coal combustion in China. Environmental Science & Technology, 39(6): 1861-1867.

Cheng H F, Hu Y A. 2010. Lead(Pb)isotopic fingerprinting and its applications in lead pollution studies in China: A review. Environmental Pollution, 158(5): 1134-1146.

Cheng S Y, Wang G, Lang J L, et al. 2016. Characterization of volatile organic compounds from different cooking emissions. Atmospheric Environment, 145: 299-307.

Cheng Y, Engling G, He K B, et al. 2013. Biomass burning contribution to Beijing aerosol. Atmospheric Chemistry and Physics, 13(15): 7765-7781.

Chow J C, Watson J G, Ashbaugh L L, et al. 2003. Similarities and differences in PM_{10}chemical source profiles for geological dust from the San Joaquin Valley, California. Atmospheric Environment, 37(9-10): 1317-1340.

Chow J C, Watson J G, Houck J E, et al. 1994. A laboratory resuspension chamber to measure fugitive dust size distributions and chemical compositions. Atmospheric Environment, 28(21): 3463-3481.

Chow J C, Watson J G, Kuhns H, et al. 2004. Source profiles for industrial, mobile, and area sources in the Big Bend Regional Aerosol Visibility and Observational study. Chemosphere, 54(2): 185-208.

Cooper J A, Watson J G. 1980. Receptor oriented methods of air particulate source apportionment. Journal of the Air Pollution Control Association, 30(10): 1116-1125.

Cui M, Chen Y J, Tian C g, et al. 2016. Chemical composition of $PM_{2.5}$ from two tunnels with different vehicular fleet characteristics. Science of the Total Environment, 550: 123-132.

Dai Q L, Bi X H, Huangfu Y Q, et al. 2019. A size-resolved chemical mass balance(SR-CMB)approach for source apportionment of ambient particulate matter by single element analysis. Atmospheric Environment, 197: 45-52.

Datsenko K A, Pougach K, Tikhonov A, et al. 2012. Molecular memory of prior infections activates the CRISPR/Cas adaptive bacterial immunity system. Nature Communications, 3: 945.

Doskey P V, Fukui Y, Sultan M, et al. 1999. Source profiles for nonmethane organic compounds in the atmosphere of Cairo, Egypt. Journal of the Air & Waste Management Association, 49(7): 814-822.

Duan X L, Jiang Y, Wang B B, et al. 2014. Household fuel use for cooking and heating in China: Results from the first Chinese Environmental Exposure-Related Human Activity Patterns Survey(CEERHAPS). Applied Energy, 136: 692-703.

England G C, Zielinska B, Loos K, et al. 2002. Characterizing $PM_{2.5}$ emission profiles for stationary sources, comparison of traditional and dilution sampling techniques. Fuel and Energy Abstracts, 43(2).

Ferge T, Maguhn J, Felber H, et al. 2004. Particle collection efficiency and particle re-entrainment of an electrostatic precipitator in a sewage sludge incineration plant. Environmental Science & Technology, 38(5): 1545-1553.

Gallon C L, Tessier A, Gobeil C, et al. 2005. Sources and chronology of atmospheric lead deposition to a Canadian Shield lake: Inferences from Pb isotopes and PAH profiles. Geochimica Et Cosmochimica Acta, 69(13): 3199-3210.

Gaudichet A, Echalar F, Chatenet B, et al. 1995. Trace elements in Tropical African Savanna Biomass Burning Aerosols. Journal of Atmospheric Chemistry, 22(1-2): 19-39.

Ge S, Bai Z P, Liu W L, et al. 2001. Boiler Briquette Coal versus Raw Coal: Part I-Stack Gas Emissions. Journal of the Air & Waste Manag Association, 51(4): 524-533.

Ge S, Xu X, Chow J C, et al. 2004. Emissions of Air Pollutants from Household Stoves: Honeycomb Coal versus Coal Cake. Environmental Science & Technology, 38(17): 4612-4618.

Guo Y Y, Gao X, Zhu T Y, et al. 2017. Chemical profiles of PM emitted from the iron and steel industry in northern China. Atmospheric Environment, 150: 187-197.

Han X K, Guo Q J, Liu C Q, et al. 2016. Using stable isotopes to trace sources and formation processes of sulfate aerosols from Beijing, China. Scientific Reports, 6: 29958.

Hays M D, Fine P M, Geron C D, et al. 2005. Open burning of agricultural biomass: Physical and chemical properties of particle-phase emissions. Atmospheric Environment, 39(36): 6747-6764.

He L Y, Hu M, Huang X F, et al. 2004. Measurement of emissions of fine particulate organic matter from Chinese cooking. Atmospheric Environment, 38(38): 6557-6564.

Hildemann L M, Cass G R, Markowski G R. 1989. A Dilution Stack Sampler for Collection of Organic Aerosol Emissions: Design, Characterization and Field Tests. Aerosol Science and Technology, 10(1): 193-204.

Hildemann L M, Markowski G R, Cass G R. 1991. Chemical composition of emissions from urban sources of fine organic aerosol. Environmental Science & Technology, 25(4): 744-759.

Ho K F, Lee S C, Chow J C, et al. 2003. Characterization of PM_{10} and $PM_{2.5}$ source profiles for fugitive dust in Hong Kong. Atmospheric Environment, 37(8): 1023-1032.

Hopke P K. 2016. Review of receptor modeling methods for source apportionment. Journal of the Air & Waste Management Association, 66(3): 237-59.

Hou X M, Zhuang G S, Lin Y F, et al. 2009. Emission of fine organic aerosol from traditional charcoal broiling in China. Journal of Atmospheric Chemistry, 61(2): 119-131.

Houck J E, Cooper J A, Larson E R. 1982. The 75th Annual Meeting of the Air Pollution Control Association. 20-25 June, New Orleans.

Jia J, Cheng S Y, Yao S, et al. 2018. Emission characteristics and chemical components of size-segregated particulate matter in iron and steel industry. Atmospheric Environment, 182: 115-127.

Junninen H, Mønster J, Rey M, et al. 2009. Quantifying the Impact of Residential Heating on the Urban Air Quality in a Typical European Coal Combustion Region. Environmental Science & Technology, 43(20): 7964-7970.

Kauppinen E I, Lind T M, Eskelinen J J, et al. 1991. Aerosols from circulating fluidized bed coal combustion. Journal of Aerosol Science, 22: S467-S470.

Khalil M A K, Rasmussen R A. 2003. Tracers of wood smoke. Atmospheric Environment, 37(9-10): 1211-1222.

Kong S F, Ji Y Q, Lu B, et al. 2011. Characterization of PM_{10} source profiles for fugitive dust in Fushun-a city famous for coal. Atmospheric Environment, 45(30): 5351-5365.

Kong S F, Ji Y Q, Lu B, et al. 2014. Similarities and Differences in $PM_{2.5}$, PM_{10} and TSP Chemical Profiles of

Fugitive Dust Sources in a Coastal Oilfield City in China. Aerosol and Air Quality Research, 14(7): 2017-2028.

Lee J J, Engling G, Lung S C, et al. 2008. Particle size characteristics of levoglucosan in ambient aerosols from rice straw burning. Atmospheric Environment, 42(35): 8300-8308.

Li J F, Song Y, Mao Y, et al. 2014. Chemical characteristics and source apportionment of $PM_{2.5}$ during the harvest season in eastern China's agricultural regions. Atmospheric Environment, 92: 442-448.

Li J, Pósfai M, Hobbs P V, et al. 2003. Individual aerosol particles from biomass burning in southern Africa: 2, Compositions and aging of inorganic particles. Journal of Geophysical Research: Atmospheres, 108(D13): 8484.

Li Q, Jiang J K, Zhang Q, et al. 2016. Influences of coal size, volatile matter content, and additive on primary particulate matter emissions from household stove combustion. Fuel, 182: 780-787.

Li Q, Jiang J, Wang S, et al. 2017. Impacts of household coal and biomass combustion on indoor and ambient air quality in China: Current status and implication. Science of the Total Environment, 576: 347-361.

Li X H, Wang S X, Duan L, et al. 2007. Particulate and Trace Gas Emissions from Open Burning of Wheat Straw and Corn Stover in China. Environmental Science & Technology, 41(17): 6052-6058.

Li X H, Wang S X, Duan L, et al. 2009. Carbonaceous aerosol emission from household biofuel combustion in China. Environmental Science & Technology, 43(15): 6076-6081.

Lind T, Hokkinen J, Jokiniemi J K, et al. 2003. Electrostatic precipitator collection efficiency and trace element emissions from co combustion of biomass and recovered fuel in fluidized-bed combustion. Environmental Science & Technology, 37(12): 2842-2846.

Liu B S, Yang J M, Yuan J, et al. 2017. Source apportionment of atmospheric pollutants based on the online data by using PMF and ME2models at a megacity, China. Atmospheric Research, 185: 22-31.

Liu J, Mauzerall D L, Chen Q, et al. 2016. Air pollutant emissions from Chinese households: A major and underappreciated ambient pollution source. Proceedings of the National Academy of Sciences of the United States of America, 113(28): 7756-7761.

Liu Y Y, Zhang W J, Bai Z P, et al. 2017. China Source Profile Shared Service(CSPSS): The Chinese $PM_{2.5}$ Database for Source Profiles. Aerosol and Air Quality Research, 17(6): 1501-1514.

Liu Y, Shao M, Fu L L, et al. 2008. Source profiles of volatile organic compounds(VOCs)measured in China: Part I. Atmospheric Environment, 42(25): 6247-6260.

Lowenthal D H, Watson J G, Koracin D, et al. 2010. Evaluation of Regional-Scale Receptor Modeling. Journal of the Air & Waste Management Association, 60(1): 26-42.

Lu D W, Liu Q, Yu M, et al. 2018. Natural Silicon Isotopic Signatures Reveal the Sources of Airborne Fine Particulate Matter. Environmental Science & Technology, 52(3): 1088-1095.

Maricq M M. 2007. Chemical characterization of particulate emissions from diesel engines: A review. Journal of Aerosol Science, 38(11): 1079-1118.

Massoud R, Shihadeh A L, Roumie M, et al. 2011. Intraurban variability of PM_{10} and $PM_{2.5}$ in an Eastern Mediterranean city. Atmospheric Research, 101(4): 893-901.

Meij R. 1994. Trace element behavior in coal-fired power plants. Fuel Processing Technology, 39: 199-217.

Meij R, Winkel H T. 2004. The emissions and environmental impact of PM_{10} and trace elements from a modern coal-fired power plant equipped with ESP and wet FGD. Fuel Processing Technology, 85(6-7): 641-656.

Miller M S, Friedlander S K, Hidy G M. 1972. A chemical element balance for the Pasadena aerosol. Journal of Colloid and Interface Science, 39(1): 165-176.

Ni H Y, Tian J, Wang X L, et al. 2017. $PM_{2.5}$ emissions and source profiles from open burning of crop residues. Atmospheric Environment, 169: 229-237.

Oanh N T K, Bich T L, Tipayarom D, et al. 2011. Characterization of Particulate Matter Emission from Open Burning of Rice Straw. Atmospheric Environment, 45(2): 493-502.

Ortiz de Zarate I, Ezcurra A, Lacaux J P, et al. 2000. Emission factor estimates of cereal waste burning in Spain. Atmospheric Environment, 34(19): 3183-3193.

Pan Y P, Tian S S, Liu D W, et al. 2016. Fossil Fuel Combustion-Related Emissions Dominate Atmospheric

Ammonia Sources during Severe Haze Episodes: Evidence from ^{15}N-Stable Isotope in Size-Resolved Aerosol Ammonium. Environmental Science & Technology, 50(15): 8049-8056.

Pandey S K, Kim K H, Kang C H, et al. 2009. BBQ charcoal as an important source of mercury emission. Journal of Hazardous Materials, 162(1): 536-538.

Pant P, Harrison R M. 2012. Critical review of receptor modelling for particulate matter: A case study of India. Atmospheric Environment, 49: 1-12.

Pei B, Cui H Y, Liu H, et al. 2016. Chemical characteristics of fine particulate matter emitted from commercial cooking. Frontiers of Environmental Science & Engineering, 10(3): 559-568.

Pernigotti D, Belis C A, Spanò L. 2016. SPECIEUROPE: The European data base for PM source profiles. Atmospheric Pollution Research, 7(2): 307-314.

Phuah C H, Peterson M R, Richards M H, et al. 2009. A Temperature Calibration Procedure for the Sunset Laboratory Carbon Aerosol Analysis Lab Instrument. Aerosol Science and Technology, 43(10): 1013-1021.

Ramanathan V, Carmichael G. 2008. Global and regional climate changes due to black carbon. Nature Geoscience, 1(4): 221-227.

Robinson A L, Subramanian R, Donahue N M, et al. 2006. Source apportionment of molecular markers and organic aerosol. 3. Food cooking emissions. Environmental Science & Technology, 40(24): 7820-7827.

Rogge W F, Hlldemann L M, Mazurek M A, et al. 1991. Sources of fine organic aerosol. 1. Charbroilers and meat cooking operations. Environmental Science & Technology, 25(6): 1112-1125.

Sadiq M, Tao W, Liu J F, et al. 2015. Air quality and climate responses to anthropogenic black carbon emission changes from East Asia, North America and Europe. Atmospheric Environment, 120: 262-276.

Samiksha S, Raman R S, Nirmalkar J, et al. 2017. PM$_{10}$ and PM$_{2.5}$ chemical source profiles with optical attenuation and health risk indicators of paved and unpaved road dust in Bhopal, India. Environmental Pollution, 222: 477-485.

Sanchis E, Ferrer M, Calvet S, et al. 2014. Gaseous and particulate emission profiles during controlled rice straw burning. Atmospheric Environment, 98: 25-31.

Schauer J J, Cass G R. 2000. Source Apportionment of Wintertime Gas-Phase and Particle-Phase Air pollutants using organic compounds as tracers. Environmental Science & Technology, 34(9): 1821-1832.

Schauer J J, Kleeman M J, Cass G R, et al. 1999. Measurement of emissions from air pollution sources. 1. C$_1$ through C$_{29}$ organic compounds from meat charbroiling. Environmental Science & Technology, 33(10): 1566-1577.

Schauer J J, Kleeman M J, Cass G R, et al. 2002. Measurement of emissions from air pollution sources. 4. C$_1$-C$_{27}$ organic compounds from cooking with seed oils. Environmental Science & Technology, 36(4): 567-575.

See S W, Balasubramanian R. 2006. Risk assessment of exposure to indoor aerosols associated with Chinese cooking. Environmental Research, 102(2): 197-204.

See S W, Karthikeyan S, Balasubramanian R. 2006. Health risk assessment of occupational exposure to particulate-phase polycyclic aromatic hydrocarbons associated with Chinese, Malay and Indian cooking. Journal of Environmental Monitoring, 8(3): 369-376.

Shen G F. 2015. Quantification of emission reduction potentials of primary air pollutants from residential solid fuel combustion by adopting cleaner fuels in China. Journal of Environmental Sciences, 37: 1-7.

Shen G F, Yang Y F, Wang W, et al. 2010. Emission Factors of Particulate Matter and Elemental Carbon for Crop Residues and Coals Burned in Typical Household Stoves in China. Environmental Science & Technology, 44(18): 7157-7162.

Shen Z X, Sun J, Cao J J, et al. 2016. Chemical profiles of urban fugitive dust PM$_{2.5}$ samples in Northern Chinese cities. Science of The Total Environment, 569: 619-626.

Shi G L, Li X, Feng Y C, et al. 2009. Combined source apportionment, using positive matrix factorization–chemical mass balance and principal component analysis/multiple linear regression–chemical mass balance models. Atmospheric Environment, 43(18): 2929-2937.

Simon H, Beck L, Bhave P V, et al. 2010. The development and uses of EPA's SPECIATE database .

Atmospheric Pollution Research, 1(4): 196-206.

Simoneit B R T, Schauer J J, Nolte C G, et al. 1999. Levoglucosan, a tracer for cellulose in biomass burning and atmospheric particles. Atmospheric Environment, 33(2): 173-182.

Smith W B, Cushing K M, Johnson J W, et al. 1982. EPA-600/7-80-036 (PB82-249897), U.S. Environmental Protection Agency, Research Triangle Park, NC.

Streets D G, Yarber K F, Woo J H, et al. 2003. Biomass burning in Asia: Annual and seasonal estimates and atmospheric emissions. Global Biogeochemical Cycles, 17(4): 20.

Taner S, Pekey B, Pekey H. 2013. Fine particulate matter in the indoor air of barbeque restaurants: Elemental compositions, sources and health risks. Science of the Total Environment, 454: 79-87.

Tao S, Ru M Y, Du W, et al. 2018. Quantifying the rural residential energy transition in China from 1992 to 2012 through a representative national survey. Nature Energy, 3(7): 567-573.

Tian Y Z, Chen J B, Zhang L L, et al. 2017. Source profiles and contributions of biofuel combustion for $PM_{2.5}$, PM_{10} and their compositions, in a city influenced by biofuel stoves. Chemosphere, 189: 255-264.

Tsai J, Owega G, Evans R, et al. 2004. Chemical composition and source apportionment of Toronto summertime urban fine aerosol($PM_{2.5}$). Journal of Radioanalytical and Nuclear Chemistry, 259(1): 193-197.

Ulbrich I M, Canagaratna M R, Cubison M J, et al. 2012. Three-dimensional factorization of size-resolved organic aerosol mass spectra from Mexico City. Atmospheric Measurement Techniques, 5(1): 195-224.

Wang Q Q, Shao M, Liu Y, et al. 2007. Impact of biomass burning on urban air quality estimated by organic tracers: Guangzhou and Beijing as cases. Atmospheric Environment, 41(37): 8380-8390.

Wang X L, Watson J G, Chow J C, et al. 2012. Measurement of Real-World Stack Emissions with a Dilution Sampling System//Percy K E. Alberta Oil Sands: Energy, Industry, and the Environment. Elsevier Press, Amsterdam, The Netherlands: 171-192.

Wang X P, Zong Z, Tian C G, et al. 2017. Combining Positive Matrix Factorization and Radiocarbon Measurements for Source Apportionment of $PM_{2.5}$ from a National Background Site in North China. Science Reports, 7(1): 10648.

Watson J G. 1984. Overview of Receptor Model Principles. Journal of the Air Pollution Control Association, 34(6): 619-623.

Watson J G. 1979. Chemical element balance receptor model methodology for assessing the source of fine and total suspended particulate matter in Portland, Oregon. Ph.D. thesis, Oregon Graduate Center, Beaverton, OR.

Watson J G, Chow J C. 2001. Source characterization of major emission sources in the Imperial and Mexicali Valleys along the US/Mexico border. Science of the Total Environment, 276(1-3): 33-47.

Watson J G, Chow J C, Pritchett L C, et al. 1990. Chemical source profiles for particulate motor vehicle exhaust under cold and high altitude operating conditions. Science of the Total Environment, 93: 183-190.

Wiinikka H, Gebart R. 2005. The influence of fuel type on particle emissions in combustion of biomass pellets. Combustion Science and Technology, 177(4): 741-763.

Winchester J W, Nifong G D. 1971. Water pollution in Lake Michigan by trace elements from pollution aerosol fallout. Waste, Air, and Soil Pollution, 1(1): 50-64.

Wongphatarakul V, Friedlander S K, Pinto J P. 1998. A comparative study of $PM_{2.5}$ ambient aerosol chemical databases. Environmental Science & Technology, 32(24): 3926-3934.

Yao H, Song Y, Liu M X, et al. 2017. Direct radiative effect of carbonaceous aerosols from crop residue burning during the summer harvest season in East China. Atmospheric Chemistry and Physics, 17(8): 5205-5219.

Zhang J J, Smith K R. 2007. Household air pollution from coal and biomass fuels in China: measurements, health impacts, and interventions. Environ Health Perspect, 115(6): 848-855.

Zhang J, He K B, Ge Y S, et al. 2009. Influence of fuel sulfur on the characterization of PM_{10} from a diesel engine. Fuel, 88(3): 504-510.

Zhang N N, Zhuang M Z, Tian J, et al. 2016. Development of source profiles and their application in source apportionment of PM$_{2.5}$ in Xiamen, China. Frontiers of Environmental Science & Engineering, 10(5): 17.

Zhang N, Han B, He F, et al. 2017. Chemical characteristic of PM$_{2.5}$ emission and inhalational carcinogenic risk of domestic Chinese cooking. Environmental Pollution, 227: 24-30.

Zhang Q, Jimenez J L, Canagaratna M R, et al. 2011. Understanding atmospheric organic aerosols via factor analysis of aerosol mass spectrometry: a review. Analytical and Bioanalytical Chemistry, 401(10): 3045-3067.

Zhang Q, Shen Z X, Cao J J, et al. 2014. Chemical profiles of urban fugitive dust over Xi'an in the south margin of the Loess Plateau, China. Atmospheric Pollution Research, 5(3): 421-430.

Zhang Y J, Cai J, Wang S X, et al. 2017. Review of receptor-based source apportionment research of fine particulate matter and its challenges in China. Science of the Total Environment, 586: 917-929.

Zhang Y X, Shao M, Zhang Y H, et al. 2007. Source profiles of particulate organic matters emitted from cereal straw burnings. Journal of Environmental Sciences, 19(2): 167-175.

Zhang Y Z, Yao Z L, Shen X B, et al. 2015. Chemical characterization of PM$_{2.5}$ emitted from on-road heavy-duty diesel trucks in China. Atmospheric Environment, 122: 885-891.

Zhang Y, Sheesley R J, Schauer J J, et al. 2009. Source apportionment of primary and secondary organic aerosols using positive matrix factorization(PMF)of molecular markers. Atmospheric Environment, 43(34): 5567-5574.

Zhang Z Q, Friedlander S K. 2000. A comparative study of chemical databases for fine particle Chinese. Environmental Science & Technology, 34(22): 4687-4694.

Zhao P S, Feng Y C, Zhu T, et al. 2006. Characterizations of resuspended dust in six cities of North China. Atmospheric Environment, 40(30): 5807-5814.

Zhao X Y, Hu Q H, Wang X M, et al. 2015. Composition profiles of organic aerosols from Chinese residential cooking: case study in urban Guangzhou, south China. Journal of Atmospheric Chemistry, 72(1): 1-18.

Zhao Y L, Hu M, Slanina S, et al. 2007a. Chemical compositions of fine particulate organic matter emitted from Chinese cooking. Environmental Science & Technology, 41(1).

Zhao Y L, Hu M, Slanina S, et al. 2007b. The molecular distribution of fine particulate organic matter emitted from Western-style fast food cooking. Atmospheric Environment, 41(37): 8163-8171.

Zheng M, Cass G R, Schauer J J, et al. 2002. Source apportionment of PM$_{2.5}$ in the southeastern United States using solvent-extractable organic compounds as tracers. Environmental Science & Technology, 36(11): 2361-2371.

Zheng X B, Xu X J, Yekeen T A, et al. 2016. Ambient Air Heavy Metals in PM$_{2.5}$ and Potential Human Health Risk Assessment in an Informal Electronic-Waste Recycling Site of China. Aerosol and Air Quality Research, 16(2): 388-397.

Zhou L M, Kim E, Hopke P K, et al. 2004. Advanced Factor Analysis on Pittsburgh Particle Size-Distribution Data Special Issue of Aerosol Science and Technologyon Findings from the Fine Particulate Matter Supersites Program. Aerosol Science and Technology, 38(sup1): 118-132.

Zhu Y H, Huang L, Li J Y, et al. 2018. Sources of particulate matter in China: Insights from source apportionment studies published in 1987-2017. Environment International, 115: 343-357.

附　图

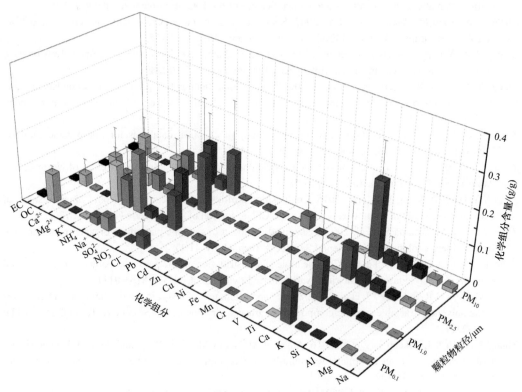

附图 1　燃煤电厂-湿法脱硫颗粒物源谱

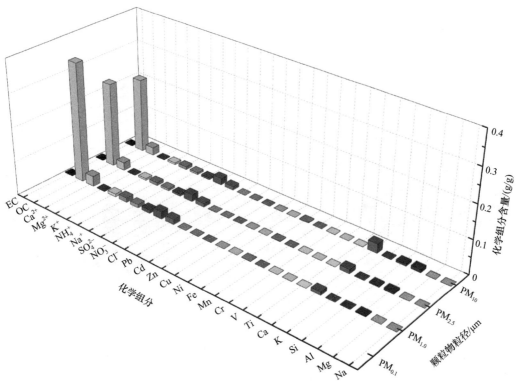

附图 2　燃煤电厂-干法脱硫颗粒物源谱

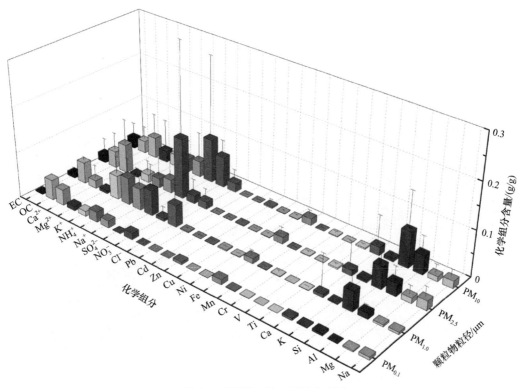

附图 3　燃煤源-热力颗粒物源谱

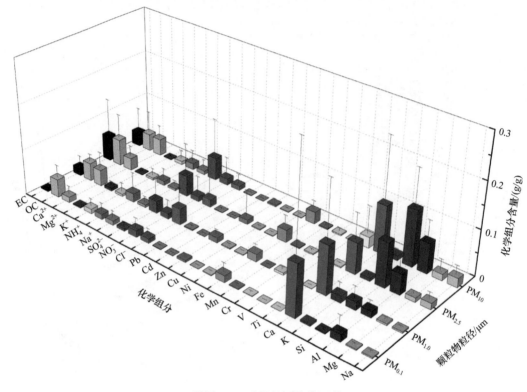

附图4　工业锅炉颗粒物源谱

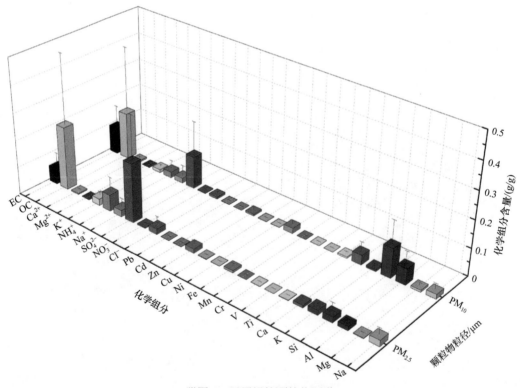

附图5　民用锅炉颗粒物源谱

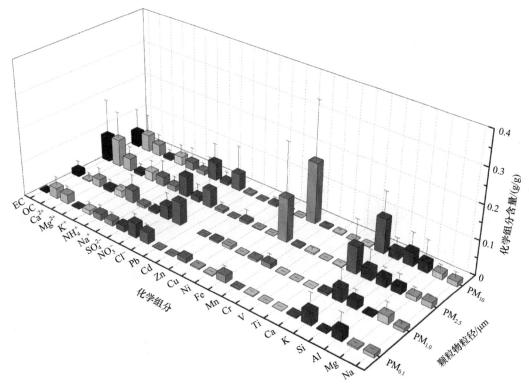

附图 6　钢铁厂颗粒物源谱

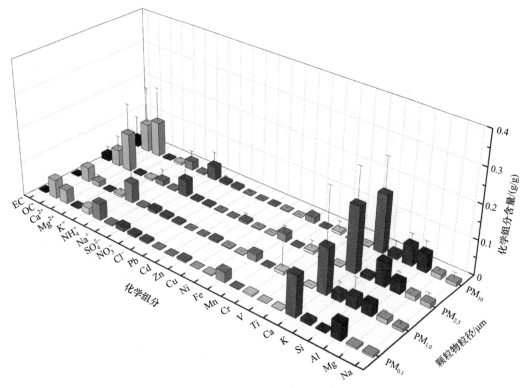

附图 7　水泥厂颗粒物源谱

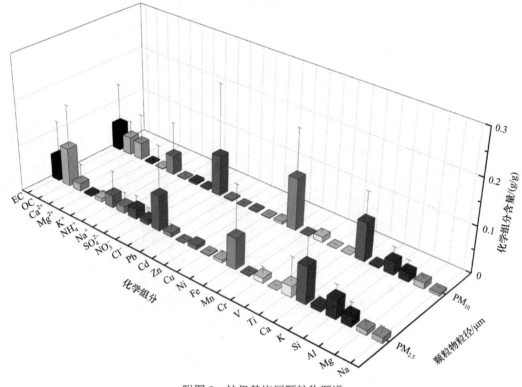

附图 8　垃圾焚烧厂颗粒物源谱

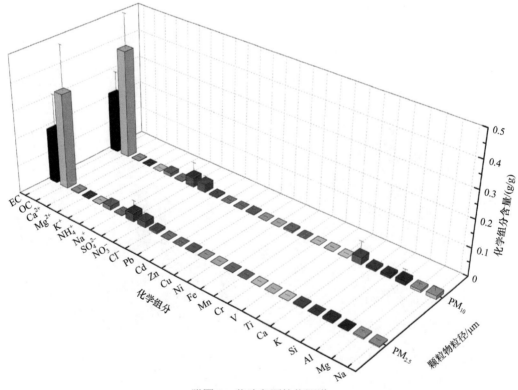

附图 9　柴油车颗粒物源谱

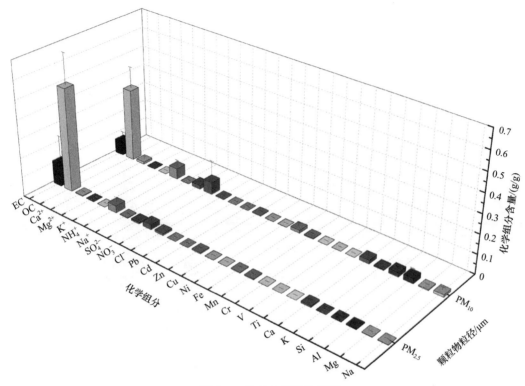

附图 10　汽油车颗粒物源谱

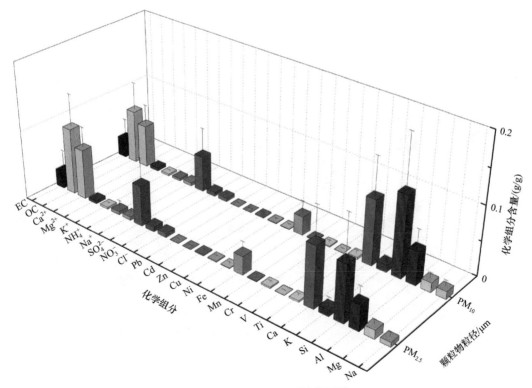

附图 11　城市扬尘颗粒物源谱

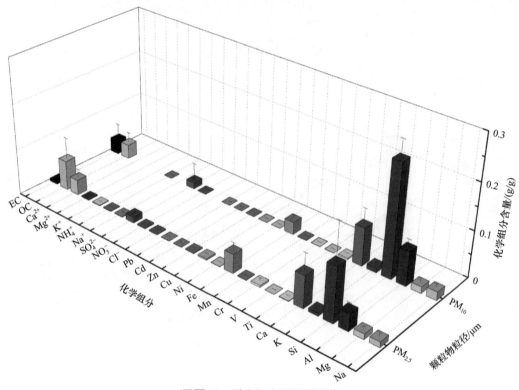

附图 12 道路扬尘颗粒物源谱

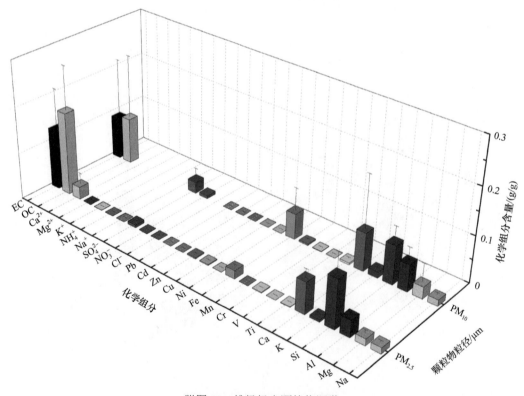

附图 13 堆场扬尘颗粒物源谱

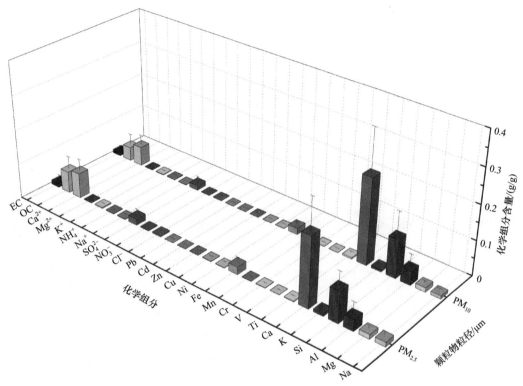

附图 14　施工扬尘颗粒物源谱

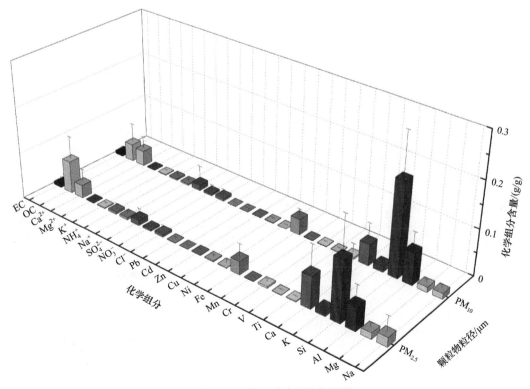

附图 15　土壤风沙尘颗粒物源谱

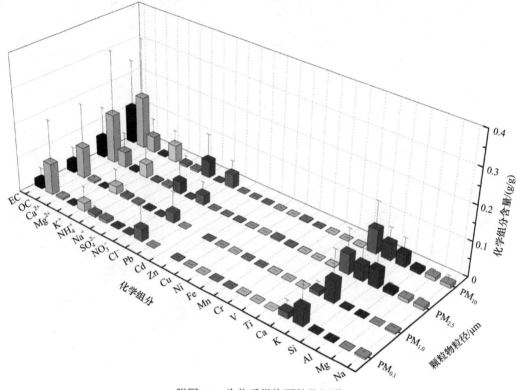

附图 16 生物质燃烧颗粒物源谱

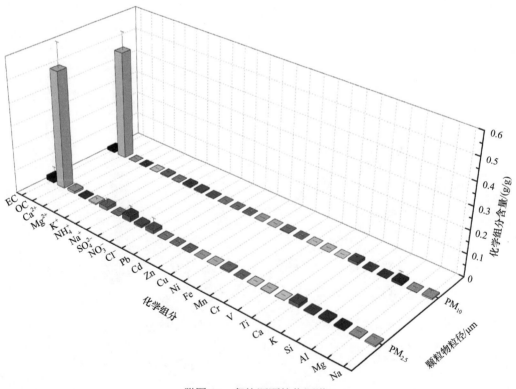

附图 17 餐饮源颗粒物源谱